朝日新書
Asahi Shinsho 1001

マイナス×マイナスは
なぜプラスになるのか

鈴木貫太郎

朝日新聞出版

はじめに

5年間で1.5億円
数学的に「競馬で勝つ」には？

「回収率 104.4 ％」

　競馬の収益における脱税事件を報じた日経新聞の記事に、こんな数字が出ていました。この数字を見て、私はひっくり返るほど驚きました。回収率とは $\left(\dfrac{\text{配当金総額}}{\text{馬券購入総額}}\right)$ のことで、100 ％を上回れば儲け、下回れば損という単純な数値です。

　競馬で「万馬券」と言われているのは、100 円の馬券が 1 万円以上、つまり元金が 100 倍以上（回収率 1 万％）になる馬券のことです。この言葉は、かつて馬券の種類が少なかった時代、100 倍を超える配当が滅多になかった頃に生まれました。1 着・2 着・3 着を着順通りに当てる「3 連単」など多種多様な馬券が発売されている現在では、配当倍率は 100 倍どころか 1000 倍程度（十万馬券）はざらにあり、10000 倍（百万馬券）でもさほど驚かず、100000 倍（一千万馬券）を超えてやっとちょっとしたニュースになる程度です。

　ちなみに、日本中央競馬会（JRA）での最高配当額は指定された 5 レースの勝ち馬をすべて当てる形式のもので、8 億円近い売り上げに対して、的中がたったの 1 票（100 円分）で 100 円が約 5.5 億円にもなったそうです。

このような億超えの馬券でなくても、数百万以上の超万馬券を当てた人の生涯における馬券の回収率は100％をはるかに超えて数千％なんてこともありうるでしょう。そんな人はいくらでもいるでしょうが、別に驚きはしません。「運がいい人っているよね、羨ましい」と思うだけで、どうすれば自分にもそんな馬券が当てられるだろうかなどとは考えようともしません。

しかし、この記事の「回収率104.4％」には衝撃を受け、どうすればそんなことができるのか真剣に考えました。記事によればその人は、「新馬戦と障害戦以外の全レースについて、毎回100通り単位で購入。5年間で約35億986万円の馬券を購入し、払戻金は約36億6493万円。差益が1億5507万円、回収率は104.4％を記録した」そうです。つまり、長期間に反復継続して馬券を購入した上で達成した回収率104.4％だから、信じられなかったのです。

理論値をはるかに超えた謎

競馬を含め日本の公営ギャンブルには、およそ25％（券種により多少の差が有ります）の控除率というものがあり、当たった人に払い戻される配当金の合計は売上の約75％です（ちなみに宝くじだと払い戻しは約50％、1枚300円で買った宝くじは購入した瞬間に約150円の価値しかありません）。

確率には「大数の法則」というものがあります。偶然に左右される現象は、試行回数が増えれば増えるほど、データの値が理論的な値に近づいていくというものです。逆に言え

ば、試行回数が少なければ、理論的な値から大きく外れることも珍しくないということです。

　例えばコイントスを考えてみましょう。10回程度の少数の試行なら、表裏のどちらか一方が8回以上出る確率は、約11％もあります。表が4回、5回、6回あたりの中央付近になる確率も、65.6％程度です。しかし、試行回数が1万回にもなると、表裏のどちらか一方が8割以上出る確率はほぼ0になり、表の回数が48％〜52％の中央付近に収まる確率は99.9939％にもなります。

　つまり、競馬では反復継続して大量の馬券を買えば、大数の法則により回収率は75％に収束していくはずなのに、それを大きく上回る104.4％を出すというのは驚くべきことなのです。しかもこの人は、超万馬券を一発当てたわけではなく、記事によれば1レースに100通り近い馬券を買っています。1つの馬券は多く見積もっても1万円程度でしょうから、35億円分ならトータルで35万通り。1つの馬券の金額が1万円より少なければさらに多くの馬券を買ったにもかかわらず、理論的な収束値の75％を30ポイントも上回る値を出しているのです。

　この人は、馬券購入の判断にはもちろんコンピュータソフトを利用していたそうです。しかし、単に誰でもやるように、出走馬の能力を高い順に並べて勝ちそうな馬の組み合わせを買うだけでは、回収率は90％を超えるのも無理でしょう。ではどうやって？

　ここから先は私の数学的思考に基づく想像です。しかも

はじめに　5年間で1.5億円 数学的に「競馬で勝つ」には？　　5

結局は馬の能力をできるだけ正しく判定するということが必要不可欠なので、これを読んだからといって馬で家が建つわけではありませんので悪しからず。

ルーレットと比べてみると？

　競馬のオッズ（配当倍率）がどのように決まるかというと極めて単純です。売上総額の75％を的中者に配分するだけなので、次のような式で求められます。

　オッズ ＝ 払戻総額 ÷ 的中馬券総額

　　　　 ＝（総売上 × 0.75）÷（的中票数 × 1票の価格）

　例えば100円の馬券が1000枚売れて、的中が75枚（的中率7.5％）なら、的中馬券のオッズは下記のように計算できます。

　　総売上 ＝ 100円 × 1000枚 ＝ 10万円

　　払戻総額 ＝ 10万円 × 0.75 ＝ 7万5000円

　　的中馬券総額 ＝ 100円 × 75枚 ＝ 7500円

　　オッズ ＝ 7万5000円 ÷ 7500円 ＝ 10倍

　その馬券を買った人の割合である支持率は

$$\frac{75}{1000} = 7.5\,\%$$

となります。的中馬券総額を支持率に変えれば、

$$\text{オッズ} = \text{払戻率}\ 75\,(\%) \div \text{支持率}\,(\%)$$

とも表せます。上記の例なら、$75 \div 7.5 = 10$ 倍となります。

例えば人気馬同士の組み合わせの馬券が全体の 50 ％売れたら、オッズはこうなります。

$$75\,(\text{払戻率}) \div 50\,(\text{支持率}) = 1.5\ \text{倍}$$

ここでの支持率は、大衆が考えたその組み合わせが来る確率と捉えることができます。それはどういうことでしょうか。

日本では認められていませんが、ルーレットという極めて単純でオッズもわかりやすいギャンブルがあります。

次ページの図のように、1〜36 の数字に赤と黒が半分ずつ割り当てられています。0 と 00 は胴元の儲け分で、0、00 が出た時は全ての賭け金が胴元に没収されます。ここからは説明をわかりやすくするために、一旦 0 と 00 は無いものとしてお話しします。

参加者は、赤や黒、数字の大（25〜36）中（13〜24）小（1〜12）、ズバリ 1 つの数字など、ルーレットの結果を予想してチップを賭けます。

ルーレットは競馬と違ってオッズが固定されていて、その値の決め方は極めて単純です。確率 × オッズ ＝ 1 になるようになっています。赤か黒かは確率 $\frac{1}{2}$ なのでオッズは 2 倍、

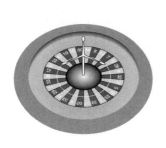
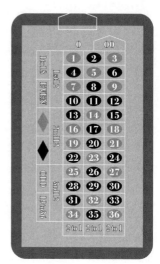

数字が大か中か小かは当たる確率が $\frac{1}{3}$ なのでオッズは3倍、数字をズバリ当てるのは確率 $\frac{1}{36}$ なのでオッズは36倍です（実際には0と00があるので確率はそれぞれ $\frac{1}{2}$、$\frac{1}{3}$、$\frac{1}{36}$ より小さくなり、確率×オッズ ≒ 0.947 < 1 となります）。

従ってルーレットでは、チップが10枚程度しか賭けられていない時に、誰かがズバリ数字を的中させた場合は、36倍という高いオッズによって胴元が損をすることもあります。しかし、ギャンブルは胴元が必ず儲かるようにできているのです。それを保証してくれるのが「大数の法則」です。試行回数が増えれば増えるほど値は理論値に収束していくので、0と00の分が安定して胴元の儲けになります。

支持率は、予想確率に収束していく

　ところで、ルーレットでも競馬のように、参加者の投票数に応じてオッズを決めるとしたらどうなるでしょうか（その方が胴元は損することがなく好都合のはず）。競馬では、オッズは投票締め切り直前までその変化する値を逐一公表していますが、それも同様にしたら。

　例えばある回で、赤と黒の投票の割合が１：２（赤の支持率 33.3 ％）と大きく離れていたらどうなるでしょうか。赤が出るか黒が出るかはどちらも確率は $\frac{1}{2}$ なのに、このままの投票数でゲームが始まってしまうと、赤が出れば３倍の配当になり、黒が出たら配当はたったの 1.5 倍にしかなりません。投票数の割合が赤１：黒２で赤のオッズが３倍と知った人は当然、赤に賭けるでしょう。

　もちろん情報は公開されているので、このような状況では皆が同じような行動に出ます。結局、締め切りまでに投票数はほぼ１：１になり、赤の支持率は 50 ％に収束していくことになるはずです。それは参加者全員が、赤の出る確率が $\frac{1}{2}$ であることを理解しているからです。つまり、参加者全員が、その現象が起きる確率を知っていれば、支持率はそのままその現象が起こる確率に収束していくはずなのです。

　先ほど、馬券の支持率は「大衆が考えたその組み合わせが来る確率」と捉えることができる、と言った理由がこれです。オッズが変動するギャンブルでは、参加者が予想した当たる確率が、そのまま支持率になっていくのです。

はじめに　５年間で 1.5 億円 数学的に「競馬で勝つ」には？　　9

競馬とルーレットの決定的な違い

しかし、競馬とルーレットで決定的に違う点は、その現象が起きる「真の確率」を容易に知ることができるか否かです。ルーレットでの真の確率は小学生でもわかりますが、競馬で真の確率を知ることは神様以外にはできません。

ルーレットでは、競馬のように投票数に応じて変化する変動オッズ制を採用しても、赤や黒の支持率は50％に、大中小の支持率はそれぞれ33.3％に収束していき、オッズは固定オッズとほぼ変わらなくなるでしょう。

法律では禁じられていますが、対等な立場の人同士が賭けをするときには、

$$オッズ \times 当たる確率 = 1$$

という式が成り立っていないと不平等な賭けとなります。

$$オッズ \times 当たる確率 = X \neq 1$$

のときは、$|1 - X|$ の分だけ有利不利が生じるのです。

一般的に胴元が大衆を対象とするギャンブルでは

$$オッズ \times 当たる確率 = X < 1$$

となっており、$1 - X$ の分が胴元の儲け（控除率）となります。

ルーレットにおける控除率は、0と00の分の $\dfrac{2}{38} \fallingdotseq 5.3$％。

前述の通り、変動オッズ制にしたとしてもオッズは固定オッズ制とほぼ同じ値になるはずなので、赤か黒か数字の大中小のどれかやズバリ数字を当てるなど、どのような賭け方でも次の式が成り立ちます。

オッズ × 当たる確率 = 0.947

（回収率 94.7 ％。1 − 0.947 = 0.053 が胴元の利益）

競馬の控除率は 25 ％です。もしも参加者全員が、どの馬が何％で勝つかという「真の確率」を知ることができるなら、どの馬券でも

オッズ × 当たる確率 = 0.75

（回収率 75 ％。1 − 0.75 = 0.25 が胴元の利益）

という式が成立するはずです。

ところが、実際には競馬において真の確率は誰も知り得ないので、どのような現象が起きるでしょうか。具体的な例を挙げてみましょう。

圧倒的に過大評価された馬

1973 年、競馬における一番のビッグレース・日本ダービー（東京優駿）で、圧倒的な単勝支持率を集めた馬がいました。地方競馬から成り上がって中央に殴り込みをかけ、クラシック第一弾の皐月賞を駆け抜けたという物語性も相まって、競馬を知らない人にまで名前の知れ渡った（小学生だった私も知っていた）ハイセイコー。そのダービーにおける単勝支持

はじめに　5 年間で 1.5 億円 数学的に「競馬で勝つ」には？　　11

率は驚愕の 66.6 ％！ これは 2005 年にディープインパクト
が 73.4 ％で塗り替えるまで 32 年間も破られなかった、も
のすごい数字です。

しかも、現在の出走頭数は最大でも 18 頭ですが、その時は
27 頭も出走していました。にもかかわらず、たった 1 頭の
馬に $\frac{2}{3}$ の票が集中したのです。つまり大衆は、ハイセイコー
が 66.6 ％の確率で勝つと判断したということになります。

ところが、実際に勝ったのはタケホープという馬で、ハイ
セイコーは敗れてしまいました。もちろんこれは、負ける確
率の 33.4 ％の方がたまたま出てしまっただけかもしれませ
ん。しかし、ハイセイコーのダービー後の戦績は、11 戦 3
勝でした。勝率 66.6 ％（≒ $\frac{2}{3}$）の馬が 11 回走って 4 勝以上
する確率は 99.1 ％です（計算式は下記）。

$$\sum_{n=4}^{11} \left(\frac{2}{3}\right)^n \left(\frac{1}{3}\right)^{11-n} \cdot {}_{11}\mathrm{C}_n \fallingdotseq 0.991$$

裏を返せば、勝率 66.6 ％の馬が 11 回走って 3 勝しかでき
ない可能性は、1 ％もないのです。ダービー以後の戦績を鑑
みれば、ダービーの時にハイセイコーが勝つ確率は 66.6 ％も
なかったと考えるのが妥当でしょう。

一方、勝ったタケホープはどうでしょうか。ダービーで
勝った時の単勝オッズは 51.1 倍。オッズから逆算して推定
される単勝支持率はおよそ 1.5 ％（簡便のためにこの後は

2％として計算します）。大衆が考えたタケホープの勝つ確率は、たった2％だったのです。

　それでもダービーで勝ったのは、その時たまたま50回に1回の出来事が偶然起こっただけなのかもしれません。しかし、タケホープのダービー後の戦績は7戦3勝でした。勝率2％の馬が7回走って3勝以上できる確率は、0.03％しかありません。

$$\sum_{n=3}^{7} \left(\frac{1}{50}\right)^{n} \left(\frac{49}{50}\right)^{7-n} \cdot {}_7\mathrm{C}_n ≒ 0.000263$$

　0.03％の確率しかない現象でも、0でない限り起こることは有り得ます。しかしやはり、0.03％という数字を算出する際に用いた、勝率2％という数字が低すぎると考えるのが妥当でしょう。ダービーの時のタケホープが勝つ確率はもちろんわかりませんが、その後の成績の $\frac{3}{7} = 42.9\%$ までは高くなかったとしても、少なくとも5％〜10％程度はあったと考えられるのではないでしょうか。

　そうであるとするとダービーの時、単勝オッズ51.1倍であったタケホープの単勝馬券はどうなっていたでしょうか。回収率の期待値は、

$$51.1 \times 5\% = 2.555 \quad \sim \quad 51.1 \times 10\% = 5.11$$

（回収率255％〜511％）

と、平均値である0.75（回収率75％）どころか、損益分岐

はじめに　5年間で1.5億円 数学的に「競馬で勝つ」には？　　13

点である1（回収率100％）をも大きく上回る値になります。もちろんギャンブルなんて後からならいくらでも講釈を垂れることはできますが、このような現象は常に起こりうるということです。

確率の「歪み」を利用する

では結局のところ、5年間に及び反復継続して馬券を買い、理論値である75％を大きく上回る104.4％を達成した人は、どのように馬券を買っていたのでしょうか。もちろんここから先に書くことはあくまで私の想像です。

ずばり、この人の手法は、支持率と勝つ確率の歪みを利用したものでしょう。この人は新馬戦を除く毎レースで100通りほどの馬券を購入していたらしいので、先の例で挙げたような単勝馬券は選択肢になかったでしょう。単勝馬券は出走頭数分しか馬券がないので、ハイセイコーのような極端な例でもない限りこの人の手法に見合うレースはそう多くないからです。この人が買っていたのは、1着・2着を組み合わせで当てる「馬連」か着順通りに当てる「馬単」、または1着・2着・3着を組み合わせで当てる「3連複」か着順通りに当てる「3連単」でしょう。

多くの競馬ファンもこの買い方が主流です。ほとんどの人は、過去の成績からどの馬が2着以内または3着以内に来るかを考え（その時点で半数以上の馬は除外している）、来る確率が高そうと感じた馬の組み合わせを買うのでしょう。

回収率 104.4 ％の方程式

　しかし、この人の買い方は違ったはずです。この人は印のついていないような馬も含めて、すべての出走馬が2着以内または3着以内に来る確率を、過去の走破タイムなどの客観的なデータを元に、コンピュータソフトに算出させたはずです。

　もちろんその数字が真の確率かどうかはわかりませんが、曖昧な勘に基づいていたり、扇動的な情報に無意識のうちに誘導されていたり、先入観が入り混じったりしている人間の予想よりははるかにマシなはずです。何より、一つの方向に皆が流されていきやすい大衆心理により歪められた支持率よりも、コンピュータはより客観的で冷静な数値を出してくると考えられます。

　そして一番の肝は、そうして算出された数値から、勝つ確率が高い馬の組み合わせの馬券を買うの「ではない」ということです。あくまで、

$$オッズ \times 確率 > 1$$

となる馬券だけを選んで購入していたのでしょう。ですから、どんな鉄板レースであったとしても、この不等式を満たさなければ買わない方針だったはずです。例えば、A馬が2着以内に来る確率が70％、B馬が2着以内に来る確率が50％（2着以内の確率なので全ての馬の確率の合計は200％）、つまりABの馬連（1着・2着の組み合わせを当てる）が来る確率が35％のようなガチガチのレースだとしても、

ABの馬連のオッズが2.8倍以下なら対象から外していたと
考えられます。なぜなら、

$$2.8 \times 0.35 = 0.98 < 1$$

だからです。

逆に来る確率が1％程度と算出された組み合わせでも、
オッズが200倍ついていたら、回収率の期待値は、

$$200 \times 0.01 = 2 > 1$$

となるので買っていたはずです。

　記事には、前走で5着〜7着だった馬の組み合わせをよく
購入していたと書かれていました。もし仮にそれらの馬の走
破タイムが、1着馬とほぼ変わらなかったけれども混戦だっ
たために僅差で5着〜7着になっただけで、能力自体は高い
としたらどうでしょうか。それらの馬の次のレースでの馬
柱（競走馬の成績表）には大きく「前走5着」とか「7着」
という数字が書かれます。それを見た大衆は、予想からそれ
らの馬を外し、結果、2着以内に来る確率は本来の能力より
も低く見積もられることになるでしょう。

「黄金の不等式」で買え！

　大衆は、目立った情報によって一方向に流されやすい傾向
がありますが、それが常に間違っているというわけではあり
ません。競馬で勝つ確率が一番高いのは、統計上でも、やは
り一番人気の馬です（※）。しかし、人気の馬は「支持率 ＞ 勝

つ確率」となる傾向が強く、その反動で「支持率＜勝つ確率」となっている中位人気、下位人気の馬が多数存在することになるのです。その結果、

$$オッズ \times 当たる確率 > 1$$

という不等式を成立させる組み合わせが1つのレースにいくつも出現するのです。

　逆に、印のたくさんついた馬同士の組み合わせは、確かに当たる確率は高いかもしれませんが、オッズ×確率が1どころか理論値の0.75をも下回るものばかりとなってしまいます。その下回った分が、記事の人の選んだ馬券に上乗せされて、回収率104.4％という数字を実現させたのでしょう。

　もちろんそれには馬の能力をできるだけ正しく判断できるソフトの開発が必要不可欠です。それ自体も難しい上に、越えなければならないのが25％の控除率というとてつもなく高い壁なので、自分もやってみようと思うことは絶対にお勧めしません。

（※）ハイセイコーのダービーにおける単勝支持率66.6％の記録を32年ぶりに73.4％で塗り替えたディープインパクトはダービーで人気に応えて勝利し、さらにダービー後に9戦7勝（勝率77.7％）しているので、その後の戦績からもダービーにおける単勝支持率は妥当な数字だったと推定されます。

数学の本質を理解する意味

　この「競馬で1億5千万円稼いだ手法」には、数学が駆使されていたはずです。その一つ一つの理論は、高校までに習う基本的なことばかりです。でも、本質を理解しないで丸暗記しただけの公式に数字を当てはめたり、解法パターンを覚えてその類題演習をやったりすることが数学の勉強だと思っている人には、到底思い付かないことでしょう。

　数学教師が受ける質問のダントツのNo.1はおそらく「数学って将来役に立つの？」でしょう。それに対する私の答えは、「公式に数字を当てはめて答えを出したり、解法パターンを覚えて類題が解けるようになったりすることは一生役に立つことはない」です。

　第1部の第1章では面積・体積の公式について語りますが、あなたは生まれてから今までに日常生活で三角形や円の面積、球や円錐の体積を求める必要に迫られたことが何度ありましたか？　「一度もない」という人も少なくないのではないでしょうか？

　第2部の第1章では、金利が何％なら何年で資産が2倍になるかを簡単に計算できる「72の法則」の仕組みについて語りますが、高機能な関数電卓アプリが廉価で手に入る現代においては「72の法則」なんかで出す近似値よりはるかに正確な値を簡単に出すことができます。やっぱり数学の勉強なんて何の役にも立ちませんよね。

　ではなぜ数学を学ぶのか？　公式を導く過程を理解し、仕

組みを考え、どうしてそうなるかという本質を探求すること
も「直接」役に立つことはないでしょう。

　しかし、単なる丸暗記ではなく、なぜそうなるかというこ
とを考える姿勢、すなわち、「論理的思考力」はどうでしょう
か。実生活において、答えはもちろんマニュアルもない問題
を解決するとき、筋道を考える手段になりますよね。また、
新たな独創的創造の基礎にも、論理的思考力は必須です。だ
からこそ数学は、目に見えないところで間接的に役に立つと
信じています。

マイナス × マイナスは
なぜプラスになるのか

目次

はじめに

5年間で1.5億円

数学的に「競馬で勝つ」には？

第1部 なぜか分からない数学

第1章 体積、面積の公式のナゼ　26

なぜ錐の体積は $\frac{1}{3}$ をかけるのか？　28

なぜ球の体積は $\frac{4}{3}\pi r^3$ なのか？　38

なぜ円の面積は πr^2 なのか？　43

なぜ「積分」で面積や体積が計算できるのか？　46

第2章 なぜ分数の割り算は ひっくり返してかけるのか　55

第3章 0乗と0！がわからない　65

0乗するとなぜ1になるのか　66

0！はなぜ1なのか　75

第4章 マイナス × マイナスは なぜプラスになるのか　84

カンタンに示す方法　85

複素数と三角関数を使ったもうひとつの考え方　86

第5章　なぜ二進法が使われるのか？　108

なぜみんな記数法（N進法）が嫌いか　111

全ての記数法は十進法である　114

二進数が合理的な理由　121

第2部　なぜか不思議な数学

第1章　ふしぎな数「e」　134

資産が2倍になる「72の法則」　135

【解説】e（ネイピア数）とは　144

【解説】逆関数とは　154

第2章　直感に反する確率　158

平均を平均してはいけない　159

なぜ直感は裏切られるのか？　165

「歪んでいる」から間違える　170

ギャンブラーの誤謬　192

【解説】収束値の計算　202

第3章　素数の神秘　209

無限にあるのに、見つからない　210

なぜ素数を発見するのは困難なのか？　216

あとがき

第 **1** 部

▼

なぜか分からない数学

第 **1** 章

体積、面積の
公式のナゼ

数学は「暗記が少ないからラク」！

　小中学校で錐体や球の体積の公式を習いますが、なぜそうなるかということを教えてくれる先生は少数でしょう。実験（同じ底面積・高さである錐体と柱体の透明な容器を用意し、錐体の容器に水を入れ、それの３杯分で柱体の容器がピッタリ満水になるというもの）を見せたり、「身の上に心配あるので参上」などと語呂合わせを教えてくれたりする先生はよくいるらしいですが。もちろん実験や語呂合わせを否定するつもりはありません。ただ、それよりもはるかに重要なのは「なぜそうなるか」でしょう。

　こういった「これは公式だから覚えなさい」という天下り的な授業を受けたとき、得てして算数・数学の苦手な人は、それをすんなり受け入れてしまう傾向が強いように感じます。電子レンジを買ったら説明書には使用方法しか書かれておらず、そもそもなぜ電子レンジでものが温められるかという根本原理が書いていないからといって文句を言う人がいないのと同様に。

　電子レンジなら、原理などわからなくても使用方法だけ覚えれば、実生活で冷えた食品を温かくおいしく食べられて「役に立ち」ます。しかし、数学では公式を覚えてもそれが実生活で「役に立つ」ことはほぼ、というか、まったくありません。そんな「役に立つ」ことのないものを意味もわからずにたくさん覚えさせられたら、それは数学がさらに嫌いになるのも無理はないでしょう。

　では、数学が好き・得意な人はどうでしょうか。そもそも

第1章　体積、面積の公式のナゼ　　27

数学が好き・得意な人は、なぜ数学が好きで得意なのでしょうか。

それは、数学は暗記しなければならないことが他教科に比べて極端に少なくて、楽だと思っているからではないでしょうか。高校までの数学に出てくる定理・公式はすべて導出・証明ができるので、なぜそうなるのかという根本原理を「理解」しておけば、覚えなくてもその場で導けるという安心感があるのです。覚えなければならないのは「定義」だけです。しかも、その覚えなければならない定義は、例えば「2辺の長さが等しい三角形を二等辺三角形という」といったような、無理して覚えようとしなくても自然と受け入れられるものがほとんどです。

数学を学ぶ本当の意義は、定理・公式を覚えてそれを使うことではなく、定義に基づいて定理・公式を導いていく論理構成を理解することにあります。数学が得意な人の多くはそのことがわかっているので、このように頭ごなしに公式を覚えろと言われると物凄く居心地が悪いのです。

なぜ錐の体積は $\frac{1}{3}$ をかけるのか？

では、なぜ錐体の体積は $\frac{1}{3}Sh$（S は底面積、h は高さ）で求められるのでしょうか。たとえば三角錐は、なぜ同じ底面積、同じ高さの三角柱のちょうど3分の1になるのでしょうか。そのためには、まず面積や体積の定義から考えてみる必要があります。

面積とはそもそも何？

中学入試・高校入試どちらにも、三角形の等積変形を利用した問題がよく出題されます。図のように、平行線の中に描かれた2つの三角形 △ABC と △ABD は、底辺 AB が共通で高さが等しいので、形は違いますが面積は等しくなります。

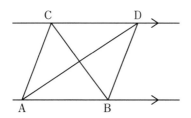

なぜなら、三角形の面積は (底辺)×(高さ)÷2 で求められるので、底辺と高さが同じならどのような三角形でも面積は等しくなるからです。では、なぜ三角形の面積は (底辺)×(高さ)÷2 で求められるのでしょうか。

それは、合同な三角形を2つ、図のようにひっくり返して並べて置けば平行四辺形ができて、平行四辺形の面積は (底辺)×(高さ) で求められるからです。

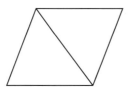

第1章 体積、面積の公式のナゼ　29

では、なぜ平行四辺形の面積は (底辺) × (高さ) で求められるのでしょうか。それは図のように、端から直角三角形を切り取って反対の端に置けば長方形になるからです。

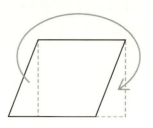

では、なぜ長方形の面積は (たて) × (よこ) なのでしょうか。それは面積の「定義」そのものだからです。面積の定義は「1辺の長さが1単位の正方形の広さを $1(単位)^2$ とした時に、それがいくつあるか」です。例えば1辺の長さが $1\,\mathrm{cm}$ の正方形の広さを $1\,\mathrm{cm}^2$ と定義した時、図のようにたて $2\,\mathrm{cm}$、よこ $3\,\mathrm{cm}$ の長方形には1単位($=1\,\mathrm{cm}^2$)の正方形がいくつあるでしょうか。

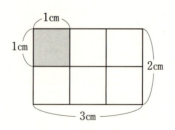

$2 \times 3 = 6$ 個あるので、面積は $6\,\mathrm{cm}^2$ となります。

こうした面積の定義をきちんと「覚えて」おけば（これだけは暗記です）、

$$1\,\text{km}^2 = \square\,\text{m}^2$$

といった問題で、「1000」などと間違えることもなければ、「1平方キロメートルは百万平方メートル」などと丸暗記する必要もなくなります。下のような図を描けばその場で計算して正解が導けます。

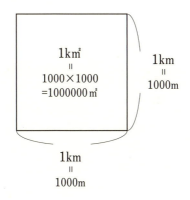

以上で、面積の定義から三角形の等積変形は示せることが認められました。

ここで等積変形の図を、今度は2つの三角形を重ならないように描いて、途中に1本の線を底辺と平行に描いてみます。

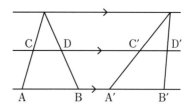

　AB = A′B′なら、CD = C′D′ となります（証明は三角形の相似を使って容易にできます）。つまり、どこに横線を引いても、その線が切り取る左右の三角形の部分の長さは常に等しいということになります。

　ところで、直線とは概念上は厚みのないものなので、どんなに長くても面積は 0 です。ここで本当の意味での直線の概念からは逸脱しますが、原子の直径の 1 億分の 1 以下など、ほんのわずかでいいので直線に厚みをもたせると、直線は本来の意味での直線ではなくわずかな厚みを持った線、すなわち、面積をもつ台形とみなすことができます。すると、厚みのある線 CD と厚みのある線 C′D′ は、(上底 + 下底) と高さの等しい台形となり、面積は等しくなります。そう考えると、三角形の等積変形は「同じ面積の台形を同じ分だけ積み上げたのだから面積は同じである」と表現することもできます。

体積も、薄く切って積み上げる

　では次に体積について考えてみます。体積の定義も面積と同様です。基本となる 1 単位を 1 辺の長さが 1 の正方形から 1 辺の長さが 1 の立方体に変えるだけで、体積とは 1

単位の立方体がいくつあるかです。直方体（四角柱）の体積を求める(たて)×(よこ)×(高さ)は、単に1単位の立方体の個数を数えているだけです。(たて)×(よこ)は底面積ですので、四角柱だけでなくあらゆる柱体は、(底面積)×(高さ)で体積が求められます。

では、底面が合同で、高さも等しい柱体と錐体の体積の関係はどうなっているでしょうか。もちろん結論はご存知の通り3：1です。ただ、どうして錐体が柱体の3分の1であるかを説明できますか。

それにはまず、底面が合同で高さの等しい三角錐は、頂点の位置が違っていても体積が等しいことを確認しましょう。図のように、底面が合同な2つの三角錐を真上から見ると、当然ですが合同な2つの三角形となります（ただし、頂点の位置は違う）。

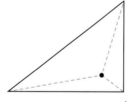 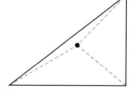

上から見た図

この2つの三角錐を、底面と平行な平面で切ると、切り口は底面と相似な三角形になります。

第1章　体積、面積の公式のナゼ

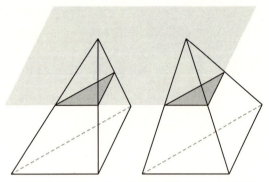

斜めから見た図。グレー部分は底面と平行な切り口

　切り口と底面との相似比は、左右とも同じ高さで切れば同じなので、左右の切り口の三角形は合同になります。

　平面に体積はありませんが、先ほどの等積変形の説明と同様に、ほんのわずかな厚み（技術的には薄さというものには限界があるが、観念上は原子の直径の1億分の1以下にもできる）をつければ体積をもちます。左右の切り口の「体積」は、切り口の面積が等しければ等しいと考えてよいでしょう。すると、2つの底面が合同で頂点の位置の違う三角錐は「極々薄い同じ体積の立体を積み上げていったもの」なので、体積は等しいと考えていいでしょう。

　では次に、下の図のような三角柱から、三角錐 B-ADE を切り取ります。すると残った立体は、四角形 CDEF を底面とした四角錐になります。

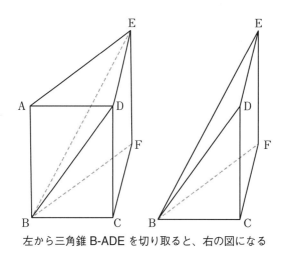

左から三角錐 B-ADE を切り取ると、右の図になる

次にその四角錐 B-CDEF を、底面が下になるように倒します（別に倒す必要はありませんが、底面は下の方が見やすいので）。

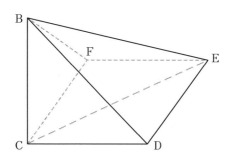

そうしたら今度はこの四角錐を、底面の長方形 CDEF の対角線 CE と頂点 B を通る平面で切ると、2 つの三角錐が

第1章 体積、面積の公式のナゼ　35

できます。この2つの三角錐は、底面が合同（それぞれ長方形の半分の直角三角形）で高さの等しい三角錐なので、体積は等しくなります。

ここで、最初の三角柱の図をもう一度見てください。切り取った三角錐 B-ADE と、三角錐 E-BCF は、底面が合同で高さの等しい三角錐なので、やはり体積は同じです。

つまり、三角柱は3つの体積の等しい三角錐に切り分けることができるのです。だから、三角錐の体積は、同じ底面・同じ高さの三角柱の体積の3分の1となるのです。

底面が多角形の錐体はいくつかの三角錐に切り分けることができます。例えば五角錐なら図のように、底面は3つの三角形に分けられます。

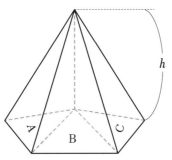

五角錐は3つの三角錐に分けられる

この五角錐の体積は、

$$\frac{1}{3}Ah + \frac{1}{3}Bh + \frac{1}{3}Ch$$
$$= \frac{1}{3}h(A + B + C)$$

となり、$(A + B + C)$ は底面積となります。そのため何角錐であっても、体積は (底面積) × (高さ) × $\frac{1}{3}$ となります。

円錐も、細い三角錐に分割したら？

　では、底面が多角形でない円錐はどうでしょうか。ここでもやはり「細かく分ける」という考え方が通用します。

　デジタル画像は単に方眼紙の一つ一つの正方形に色を塗っているだけで、その一つ一つの正方形の面積が小さければ小さいほど画像は実物に近づきます。もしもその正方形の1辺の長さが1mmもあったら画像はモザイククイズのような絵になってしまいますが、実際には1辺の長さが極めて小さいので曲がりくねったものでも正方形の組み合わせで鮮明な画像として見ることができるのです。

　デジタル画像の正方形の1辺の長さを小さくするのには技術的な限界がありますが、数学上で細かく分けるのに技術は不要です。観念（イデア＝idea）上では、いくらでも小さく理想的（ideal）な状態にできます。それならば、円錐であろうと、1辺の長さが原子よりもはるかに短い三角形を底面にもつ非常に細い三角錐でなら、きっちり隙間なく分割することができると考えていいでしょう。

第1章　体積、面積の公式のナゼ　　37

円錐は非常に細い三角錐の集合体と考えられる

なので、あらゆる錐体の体積は (底面積) × (高さ) × $\frac{1}{3}$ となります。

なぜ球の体積は $\frac{4}{3}\pi r^3$ なのか？

球の体積が $\frac{4}{3}\pi r^3$ であり、表面積は $4\pi r^2$ であるということは、積分という概念が確立されるより遥か前の紀元前に、アルキメデス（Archimedes B.C. 287〜212）によって発見されたといわれています。

球の体積・表面積は、図のように球がぴったり入る円柱の体積・表面積のそれぞれ $\frac{2}{3}$ であるということをアルキメデスは発見し、この図はアルキメデスのお墓に刻まれていたとも言われています。

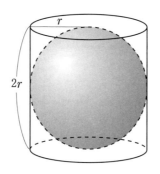

この円柱の体積は、

$$\pi r^2 \times 2r = 2\pi r^3$$
$$2\pi r^3 \times \frac{2}{3} = \frac{4}{3}\pi r^3 = 球の体積$$

この円柱の表面積は、

$$\pi r^2 \times 2 + 2\pi r \times 2r = 6\pi r^2$$
$$6\pi r^2 \times \frac{2}{3} = 4\pi r^2 = 球の表面積$$

球の体積も、先ほどの三角錐の体積の説明のように、「極々薄い体積の立体を積み上げていったもの」として求めたいと思います。

アルキメデスの円柱を、下の図のように高さを半分にして考えてみましょう。底面の円の半径が r、高さも r である円柱には、半径 r の半球や、底面の円の半径が r で高さも r の

円錐（頂点を下とする）がピッタリ入ります。

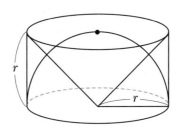

この立体を底面と平行な平面で切った時の、切り口の面積を考えてみます。一番下で切った時（切ったとは言えない状態ですが）、半球の切り口は半径 r の円で、円錐の切り口は点なので面積は 0 になります。逆に一番上で切った時、円錐の切り口は半径 r の円で、半球の切り口は点なので面積は 0。どちらの場合も切り口の面積の合計は、$\pi r^2 + 0 = \pi r^2$ です。

では、高さの途中で底面と平行に切った場合はどうでしょうか。切り口をわかりやすくするため、この立体を縦に2分割した（底面の円の直径に沿って縦に切った）時の断面図を記します。

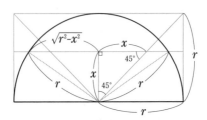

前の図を縦に半分に切った断面図

円錐を途中で平行に切ったとき、この断面図上では、切り口以下の部分が直角二等辺三角形になります。したがって、下から x のところで切ったとき、円錐の切り口の円の半径も x になるので、円錐の切り口の面積は πx^2 となります。

　一方、半球の切り口の円の半径は、三平方の定理により、

$$x^2 + (半径)^2 = r^2$$
$$半径 = \sqrt{r^2 - x^2}$$

です。したがって、半球の切り口の円の面積は、

$$\pi(\sqrt{r^2 - x^2})^2 = \pi r^2 - \pi x^2$$

となります。すると、円錐の切り口の面積と半球の切り口の面積の和は、

$$\pi x^2 + \pi r^2 - \pi x^2 = \pi r^2$$

となります。さきほど、円柱の一番下で切った場合も、一番上で切った場合も、切り口の面積の和は同じでした。つまりこの値はどこで切っても常に一定です。しかもその値 (πr^2) は円柱の底面積と一致します。ということは、この立体はどこで切っても、

　(円錐の切り口の円の面積 + 半球の切り口の円の面積)
　=円柱の切り口の円の面積

という関係が成り立ちます。そしてやはりここでも、極薄の

ものを積み上げていくという考え方を使えば、体積も、

$$(円錐 + 半球) = 円柱$$

という関係が成り立つはずです。これを計算してみましょう。

$$\left(\pi r^2 \times r \times \frac{1}{3}\right) + 半球の体積 = \pi r^2 \times r$$

$$半球の体積 = \pi r^3 - \frac{1}{3}\pi r^3$$

$$= \frac{2}{3}\pi r^3$$

球の体積は半球の体積の 2 倍なので、

$$球の体積 = 半球の体積 \times 2$$

$$= \frac{2}{3}\pi r^3 \times 2$$

$$= \frac{4}{3}\pi r^3$$

となりました。

表面積の公式は？

そして、球を図のように錐体の集合体と考えれば、一つ一つの錐体の高さは球の半径 r に相当し、底面積の合計が球の表面積になります。

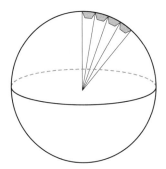

球は錐体の集合体と考えられる

錐体の合計によって球の体積を計算してみると、

$$(\text{表面積}) \times r \times \frac{1}{3} = \frac{4}{3}\pi r^3$$
$$\text{表面積} = \frac{4}{3}\pi r^3 \times \frac{3}{1} \times \frac{1}{r}$$
$$= 4\pi r^2$$

と、求めることができます。

なぜ円の面積は πr^2 なのか？

ところで、円錐や球の体積を求めるのには、まずは基本となる円の面積を求めなければ話は始まりません。話は前後しますが、なぜ円の面積は πr^2 で求められるのでしょうか。

それにはまず、下の図の通り、円をピザのように切り分けて、1切れずつ互い違いに並べて平行四辺形のような形にします。

第1章 体積、面積の公式のナゼ 43

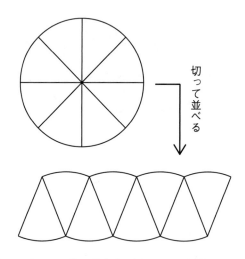

　もちろん切って並べ替えただけなので面積は変わりません。ただ、たかだか8等分だと平行四辺形の底辺に当たる部分は波打つ曲線です。そこで今度は4000万等分に切って同じように並べたらどうなるでしょうか。ほぼ長方形と言ってよくありませんか？

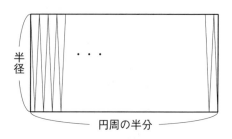

「いや、どんなに細かく切っても曲線が直線になることはな

い」と主張する人はいるでしょうし、それは間違ってはいません。それでは、そう主張する人に自分の 1m 前に立ってもらって、「あなたと私は左の図のようにお互いをやや上向きに見ていますか？ それとも右の図のように水平に見ていますか？」と聞いてみてください。

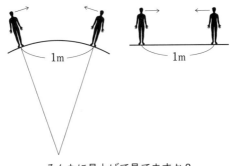

そんなに見上げて見てますか？

地球の全周が 4000 万 m ですので、円周を 4000 万等分した時、扇形の 1 つの弧の端と端の関係は、ちょうど 1m 離れた 2 人の位置関係と同じです。この 2 人の間に湾曲を感じますか？

現実に描かれた円をハサミで切り分けるなら百等分でも難しいでしょうが、観念(idea)の世界では、4000 万等分どころかもっともっと細かくすることも可能です。そしてもちろん、どんなに細かく切り分けても面積は変わりません。なので、円の面積は、果てしなく大量に切り分けた扇形を互い違いに並べてできる図形を長方形とみなして求めて構わないでしょう。

第 1 章 体積、面積の公式のナゼ　　45

その長方形の縦は元の円の半径で、横は円周の半分になるので、円の面積は

$$r \times \left(\frac{1}{2} \times 2\pi r\right) = \pi r^2$$

で求めることができます。

なぜ「積分」で面積や体積が計算できるのか？

実は、今までの説明で頻繁に出てきた「薄く切って積み重ねる」というのは、積分で面積や体積を求める基礎となる考え方なのです。

次の図を見てみましょう。関数 $f(x)$ と直線 $x = b$ (b は定数)、x 軸、直線 $x = a$ (a は変数) によって囲まれる図形の面積は、a の値が決まれば1つに決まるので、その値は a の関数です。そこで、面積の関数を $S(a)$ とすると、a から $a + h$ の区間の、$f(x)$ と x 軸の間（グレー部分）の面積は、$S(a + h) - S(a)$ となります。

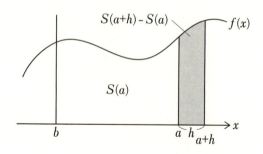

次に、a と $a+h$ の間に、x 座標が $a+t$ の点をとります。うまく t を選べば、次の図のア（出っ張った部分）とイ（へこんだ部分）の面積が等しくなります。

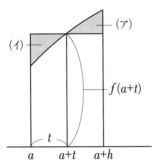

（ア）と（イ）の面積が等しくなる地点がどこかにある

すると、横の長さが h、縦の長さが $f(a+t)$ の長方形の面積と、$S(a+h)-S(a)$ の面積が等しくなります。つまり、

$$S(a+h) - S(a) = h \cdot f(a+t)$$

両辺を h で割って、

$$\frac{S(a+h) - S(a)}{h} = f(a+t)$$

ここで、h を限りなく 0 に近づけてみます（これが薄く切るということ）。すると t も 0 に近づくので、

$$f(a) = \lim_{h \to 0} \frac{S(a+h) - S(a)}{h}$$

第1章　体積、面積の公式のナゼ

となります。実はこの式は、微分の定義式そのものなのです。

そもそも微分とは？

　ある関数上の2点を通る直線の傾き（＝変化の割合）について、2点間の距離を限りなく0に近づけていけば瞬間における変化の割合、すなわち接線の傾きが出るというのが微分の考え方です。

　2点を通る直線の傾き（＝変化の割合）を求める式は、

$$変化の割合 = \frac{y \text{ の増加量}}{x \text{ の増加量}}$$

です。

　したがって、ある関数 $g(x)$ 上の2点 $(a, g(a))$、$(b, g(b))$ における変化の割合は、

$$\frac{g(b) - g(a)}{b - a}$$

となります。ここで、a と b の差 h を限りなく0に近づけていけば、

$$g'(x) = \lim_{h \to 0} \frac{g(x+h) - g(x)}{h}$$

となり、これが微分の定義式です。

　なので、面積の関数 $S(a)$ を微分したものが $f(a)$ である

ことがわかります。すなわち、

$$S'(a) = f(a)$$

ところで、ある関数 $F(x)$ を微分したら $f(x)$ になったとします。このとき、$f(x)$ を見て微分される前の式はどうなっていたのかと考えるのが積分です。

具体例

$$x^3 + 3x^2 - 2x + 1 \quad \rightarrow \quad (微分) \quad 3x^2 + 6x - 2$$
$$3x^2 + 6x - 2 \quad \rightarrow \quad (積分) \quad x^3 + 3x^2 - 2x + C$$

(定数は微分すると 0 になってしまうので、元の数字は特定できないため、C という積分定数を添えておきます)

つまり、微分と積分は逆演算の関係になっているのです。$\int f(x)\,dx$ とは、x で微分して $f(x)$ となる関数は何かという意味なので、

$$\int f(x)\,dx = S(x) + C \quad (C \text{ は積分定数})$$

となります。

体積も積分で計算できる！

体積の場合は次の図のように、面積の場合の関数を立体的にした図を考えることによって、面積の場合と同様に考える

第1章 体積、面積の公式のナゼ 49

ことができます。

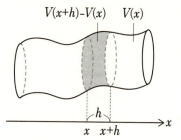

考え方は面積の場合と同じ（イメージ図）

では、具体的な円錐の場合で検証してみます。

頂点から x のところで底面と平行に切った切り口の面積を関数 $S(x)$、頂点から x までの体積を関数 $V(x)$ とします。すると、下図のプリンのような形をしたグレー部分の体積は、

$$V(x+h) - V(x)$$

となります。

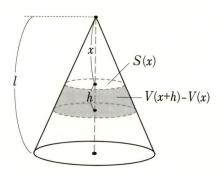

50

そして、面積の場合と同様に、高さが h、底面の面積が $S(x+t)$ で、プリン部分と同じ体積の円柱がつくれるはずです。

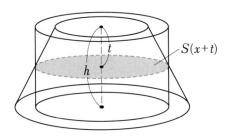

つまり、

$$h \cdot S(x+t) = V(x+h) - V(x)$$

$$S(x) = \lim_{h \to 0} \frac{V(x+h) - V(x)}{h}$$

となります。やはり、体積の関数 $V(x)$ を微分したものが面積の関数 $S(x)$ となるので、

$$V'(x) = S(x)$$

$$\int S(x)\,dx = V(x) + C \ (C \text{ は積分定数})$$

となり、面積の関数を積分することで体積が求められることがわかりました。

円錐の体積も積分で出せる！

では実際に、錐体や球の一部分の面積を積分してみましょう。

底面の円の半径が r、高さが l の円錐を考えます。頂点から x のところで切った切り口の面積の関数 $S(x)$ を求めてみましょう。

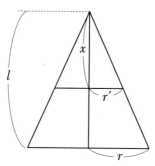

円錐を横から見た図

切り口の円の半径 r' は、

$$l : x = r : r' \quad なので、\quad r' = \frac{xr}{l}$$

よって、

$$S(x) = \pi \left(\frac{xr}{l}\right)^2$$

したがって、底面の半径が r で高さが l の円錐の体積は、

$$\int_0^l \pi \left(\frac{xr}{l}\right)^2 dx = \pi \left[\frac{x^3 r^2}{3l^2}\right]_0^l$$
$$= \frac{l^3 r^2}{3l^2}\pi - 0$$
$$= \frac{1}{3}\pi r^2 l$$

となりました。ちゃんと (底面積) × (高さ) × $\frac{1}{3}$ となっていることを確認してみてください。

 球の場合も、断面の面積の関数を積分すれば体積の関数になるのは同じ理屈です。半径 r の球を中心から x のところで切った時、断面の円の半径は、三平方の定理より、

$$\sqrt{r^2 - x^2}$$

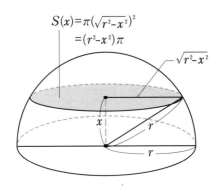

したがって断面の円の面積は、

$$S(x) = \pi \left(\sqrt{r^2 - x^2} \right)^2$$
$$= \pi(r^2 - x^2)$$

よって球の体積は、

$$2 \times \int_0^r S(x)\, dx = 2 \int_0^r \pi \left(r^2 - x^2 \right) dx$$
$$= 2\pi \left[r^2 x - \frac{1}{3}x^3 \right]_0^r$$
$$= 2\pi \left(r^3 - \frac{1}{3}r^3 \right) - 0$$
$$= \frac{4}{3}\pi r^3$$

となり、アルキメデスが積分を用いずに求めた値と同じになりました。

第 **2** 章

なぜ分数の割り算は
ひっくり返して
かけるのか

「処世術」か、「こだわり」か

　宮﨑駿製作プロデュース、高畑勲脚本・監督のジブリ映画「おもひでぽろぽろ」の中で、主人公のタエ子がちょっといい感じの仲になりかけている男性に語りかけるシーンがあります。

タエ子「小学校のとき分数の割り算すぐできた？」
男「はっ？」
タエ子「分子と分母ひっくり返してかけるって、教わった通りにすんなりできた？」
男「覚えてねーなー、でも算数そんなに苦手ではなかったけど」
タエ子「あっそー、いいわね、覚えてないのはすんなりできたからよ、きっと」
男「でもなして急にそんなこと？」
タエ子「分数の割り算がすんなりできた人はその後の人生もすんなりいくらしいのよ」
男「はっ？」
タエ子「リエちゃんていうねおっとりした子がいたの、算数全然得意じゃなかったけど素直に分子と分母ひっくり返して100点！ その子はずーっと素直にすくすく育って今はもうお母さん！ 2人の子持ちよ！ 私はダメだったのよねー、頭悪いくせにこだわるタチなのよね」

　そこから算数で、25点のテストを持ち帰ってお母さんの前で正座している思い出のシーンに切り替わります。お母さんに「お姉ちゃんに教わりなさい」と言われて、お姉ちゃ

んと、タエ子の会話。

姉「座んな！ 九九を始めから言ってみなさい」
タエ子「九九なんて言えるわよ、もう5年生だよ？」
姉「九九ができるなら、どうして間違ったのよ！」
タエ子「だって、分数の割り算だよ？」
姉「はぁ（呆れ）。分母と分子をひっくり返して、かけりゃ
いいだけじゃないの、学校でそう教わったでしょ？」
タエ子「……うん」
姉「じゃあどうして間違えたの！」
タエ子「分数を分数で割るって、どういうこと？」
姉「えっ……」

　タエ子はりんごの絵を描きながら続けます。

「2/3個のりんごを1/4で割るっていうのは……2/3個の
リンゴを4人で分けると、一人何個かってことでしょ？」

と、2/3のりんごを4等分。ちゃんと残りの1/3の部分に
もその半分のところに線を入れながら、言います。

タエ子「だから、1、2、3、4、5、6で、一人1/6個」
姉「……違う違う！ それはかけ算！」
タエ子「えぇーっ！ どうして、かけるのに減るの!?」
姉「2/3個のりんごを1/4で割るっていうのは……と、と
にかくっ、りんごにこだわるからわかんないのよ！ かけ算
はそのまま、割り算はひっくり返すって覚えればいいの！」

　その後、タエ子の知能について話し合う母と姉2人の会
話を、居間でりんごを食べながら聞いていたタエ子。3切れ

第2章　なぜ分数の割り算はひっくり返してかけるのか　　57

のりんごを、怒りをぶつけるように力強く、

「2/3 個のりんごを 1/4 で割るなんてどういうことか全然想像できないんだもの！ だってそうでしょ！ 2/3 個のりんごを 1/4 で割るっていうのは」

と、フォークでりんごをさらに細かく切り分けていきました。

　この場面、示唆に富む台詞がちりばめられていて考えさせられます。リエちゃんの一例だけで一般化してしまうのが乱暴ではあることは一旦置いておいて、

「分数の割り算がすんなりできた人はその後の人生もすんなりいくらしいのよ」

というタエ子の言葉、ここでの「すんなりできた」は、どうしてそうなるかなどは考えずに上から言われたことに盲目的に従うという意味でしょう。確かに処世術としては「あり」と割り切るのも一つの生き方です。姉がキレながら叫ぶ「分母と分子をひっくり返して、かけりゃいいだけじゃないの、学校でそう教わったでしょ？」や「かけ算はそのまま、割り算はひっくり返すって覚えればいいの！」にも通底します。

　一方、タエ子の「私はダメだったのよねー、頭悪いくせにこだわるタチなのよね」や「2/3 個のりんごを 1/4 で割るなんてどういうことか全然想像できないんだもの！」は、納得いかないものはやりたくない、きちんと納得してから進めたいという生き方です。処世術とこだわり、両者をバランス良く組み合わせていくのが最も賢い生き方でしょうが、徹底的にこだわる人がいなくなってしまうと新たな創造が途絶え

てしまう気もします。

ふたつの割り算

では、とりあえずタエ子の疑問に答えていきましょう。分数の割り算はなぜひっくり返してかけるのでしょうか。

割り算を使うのは、次のふたつの場面があります。

ケース1

12個のりんごを3個ずつ袋に詰めていくと何袋できるか。

$$12 (個) \div 3 (個/袋) = 4 袋$$

タエ子の例なら、「2/3個のりんごを1/4個ずつ袋に詰めたら何袋できるか」。

ケース2

12Lのペンキで3m²の壁を塗った。1m²塗るのに必要なペンキの量はいくらか。

$$12 (L) \div 3 (m^2) = 4 (L/m^2)$$

タエ子の例なら、「2/3個のりんごが1/4kgなら、1kgではりんごは何個か」（1/4kgだと4倍するだけで出てしまうので3/4kgにした方が一般性は高まります）。

第2章　なぜ分数の割り算はひっくり返してかけるのか　　59

ここで出てくる $12 \div 3$ のように、

$$整数\ A \div 整数\ B = A \times \frac{1}{B}$$
$$= \frac{A}{B}$$

であることは認めて話を進めていきます。

ケース 1 のような割り算は、いくつに分けられるかを求める割り算です。このようなタイプが分数になると、「$\frac{19}{4}$L の水を $\frac{2}{5}$L ずつコップに注いでいくと、全部注ぐのに何個のコップが必要か」といった問題になります。

式は $\frac{19}{4} \div \frac{2}{5}$ となります。さて、これはどのように計算すればいいでしょうか。

分数の足し算引き算の時に通分したように、割り算でも通分してみましょう。

$$\frac{19}{4} \div \frac{2}{5} = \frac{19 \times 5}{4 \times 5} \div \frac{2 \times 4}{5 \times 4} = \frac{95}{20} \div \frac{8}{20}$$

$\frac{95}{20}$ は $\frac{1}{20}$ が 95 個で、$\frac{8}{20}$ は $\frac{1}{20}$ が 8 個という意味です。

そこで $\frac{1}{20}$ というのを新しい 1 単位とすれば、$\frac{95}{20} \div \frac{8}{20}$ は「95 個を 8 個ずつ分けたら何袋できるか」という問題と同じになります。式は $95 \div 8$ です。

ところで $95 = 19 \times 5$、$8 = 4 \times 2$ ですので、

$$95 \div 8 = \frac{95}{8} = \frac{19 \times 5}{4 \times 2} = \frac{19}{4} \times \frac{5}{2}$$

と、もとの式の「割る数」をひっくり返してかけた形になりました。

答えは $\frac{95}{8} = 11\frac{7}{8}$（杯）で、この意味は、

「$\frac{2}{5}$L 入るコップが 11 個と、満杯の $\frac{7}{8}$ まで $\left(\frac{2}{5} \times \frac{7}{8} = \frac{7}{20}\text{L}\right)$ 入ったコップが 1 個」

ということです。これを文字で一般化すれば、

$$\frac{b}{a} \div \frac{d}{c} = \frac{bc}{ac} \div \frac{ad}{ac}$$
$$= bc \div ad$$
$$= \frac{bc}{ad}$$
$$= \frac{b}{a} \times \frac{c}{d}$$

となります。

「1 あたり」の量を求める場合は？

次にケース 2 のような、1 単位あたりの量を出すタイプではどうでしょうか。$\frac{17}{5}$L のペンキで $\frac{3}{4}\text{m}^2$ の壁を塗ったとき、1m^2 あたりを塗るのに必要なペンキの量は何 L でしょ

第2章　なぜ分数の割り算はひっくり返してかけるのか　　61

うか。

$\dfrac{3}{4}\,\mathrm{m}^2$ は $1\,\mathrm{m}^2$ を 4 つに分けたうちの 3 つ分です。$\dfrac{17}{5}\,\mathrm{L}$ で $\dfrac{1}{4}\,\mathrm{m}^2$ の 3 つ分を塗ったので、1 つ分（$=\dfrac{1}{4}\mathrm{m}^2$）に必要な量は、

$$\frac{17}{5} \div 3 = \frac{17}{5} \times \frac{1}{3}$$

です。そして、今求めたいものは $1\,\mathrm{m}^2$ を塗るのに必要なペンキの量なので、$1\,\mathrm{m}^2$ は $\dfrac{1}{4}\,\mathrm{m}^2$ が 4 つ集まったものだから、

$$\frac{17}{5} \div 3 \times 4 = \frac{17}{5} \times \frac{4}{3}$$

となります。したがって、

$$\begin{aligned}
\frac{17}{5} \div \frac{3}{4} &= \frac{17}{5} \div 3 \times 4 \\
&= \frac{17}{5} \times \frac{4}{3} \\
&= \frac{68}{15}\mathrm{L/m}^2
\end{aligned}$$

文字で一般化すれば、$\dfrac{b}{a} \div \dfrac{d}{c}$ の計算は、まず $\dfrac{1}{c}$ あたりの量を出すために、$\dfrac{b}{a} \div d$。次に 1 あたりの量を出すために、1 は $\dfrac{1}{c}$ の c 倍なので、$\dfrac{b}{a} \div d \times c$。したがって、

$$\frac{b}{a} \div \frac{d}{c} = \frac{b}{a} \div d \times c$$

$$= \frac{b}{a} \times \frac{c}{d}$$

となります。

　そのほか、掛け算には交換法則があって、かける順番は入れ替え可能なので、

$$A \times B \times C = A \times C \times B$$

$$= B \times A \times C$$

$$= B \times C \times A = \cdots$$

$$\therefore A \times B \times C \div D = C \times A \times B \div D$$

$$(例)\ 4 \times 5 \times 6 \div 2 = 5 \times 6 \times 4 \div 2$$

です。この計算は $6 \div 2$ を先にやっても $4 \div 2$ を先にやっても結果は同じです。そこで、

$$\frac{b}{a} \div \frac{d}{c}$$

の計算をするのに、1をかけても答えは同じなので、$\frac{c}{d} \times \frac{d}{c} = 1$ を元の式にかけてみます。

$$\frac{c}{d} \times \frac{d}{c} \times \frac{b}{a} \div \frac{d}{c}$$

第2章　なぜ分数の割り算はひっくり返してかけるのか　　63

ここで、前 3 つは入れ替え可能なので、

$$\frac{b}{a} \times \frac{c}{d} \times \frac{d}{c} \div \frac{d}{c}$$

$\dfrac{d}{c} \div \dfrac{d}{c} = 1$ なので、すなわち、

$$\frac{b}{a} \times \frac{c}{d} \times 1$$
$$= \frac{b}{a} \times \frac{c}{d}$$

第 **3** 章

0乗と0！
がわからない

0乗するとなぜ1になるのか

「2^0」はいくつ？　何かの0乗がいくつかをまだ習っていない中学生や、数学があまり得意でなかったであろう大人に数多く聞いてきましたが、答えは一切の例外なく「0」でした。

$2 \times 2 \times 2 = 2^3$ のように、2を3個かけることを「2の3乗」と指数を定義することは極めて自然で、誰もがすんなり受け入れるでしょう。指数が自然数ならば、それがたとえどんなに大きくて計算する気にはならなくても意味は理解できます。

「3乗なら3個かけるのだから0乗なら0個かける。何もかけないのだから0」と答えたくなる気持ちはよくわかります。そもそも0乗など意味がわからないのだから定義しなくてもいいし、定義というのは「決め事」なのだから誰もが真っ先に思い浮かぶ0と定義してもいいはずです。しかし、何かの0乗は1と定義しました。

単なる丸暗記で「0乗は1」では居心地が悪いので、なぜ0乗を1と定義したのか理由を考えてみましょう。

$$3^2 \times 3^4 = (3 \times 3) \times (3 \times 3 \times 3 \times 3)$$
$$= 3^6$$
$$= 3^{(2+4)}$$

この式は指数の定義から誰でも納得がいくでしょう。であるならば、m、nがともに自然数の時、以下の式が成り立

ちます。

$$a^m \times a^n = a^{m+n}$$

　これを指数法則と言います。自然数で明らかに成り立つこの法則を n, m が自然数以外でも成り立って欲しいと考えます。そこで、$n = 0$ のときにこの法則を成り立たせることを考えてみましょう。

$$a^m \times a^0 = a^{m+0} = a^m$$

となり、$a^m \neq 0$ より、$a^0 = 1$ だと都合がよさそうです。または、a のべき乗の式の両辺を a で次々と割っていくと、

$$a^3 = a \times a \times a$$
$$a^2 = a \times a$$
$$a^1 = a$$

と、指数が 1 ずつ減っていきます。すると次は、

$$a^0 = a \div a = 1$$

と、ゼロ乗と考えるのが自然ですよね。

マイナス乗はなぜ逆数になるのか

　0 乗を定義したならば、負の数や分数も定義したくなります。3^{-2} などはどう定義すべきでしょうか？　3 をマイナス 2 個かけるとなると、0 乗よりさらに意味がわかりません。

第3章　0乗と0！がわからない　　67

ここでも、自然数の時に成立した、指数法則をたとえマイナスや分数になっても成り立たせたいという気持ちが働きます。

$$3^5 \div 3^3 = \frac{3^5}{3^3}$$
$$= \frac{3 \times 3 \times 3 \times 3 \times 3}{3 \times 3 \times 3}$$
$$= 3^2$$
$$= 3^{(5-3)}$$

m、n がともに自然数で $m > n$ なら $a^m \div a^n = a^{m-n}$ が成り立つのは、上記の例のようにすんなり認められるでしょう。では、$m < n$ の場合はどうでしょうか。

$$3^3 \div 3^5 = \frac{3^3}{3^5}$$
$$= \frac{3 \times 3 \times 3}{3 \times 3 \times 3 \times 3 \times 3}$$
$$= \frac{1}{3^2}$$

この計算に異論はないでしょう。このように $m < n$ なら $a^m \div a^n = \dfrac{1}{a^{n-m}}$ というのも、納得がいくと思います。

そこで m、n の大小に関係なく、$a^m \div a^n = a^{m-n}$ を成立させるとするならば、

$$3^3 \div 3^5 = \frac{3^3}{3^5}$$
$$= \frac{3 \times 3 \times 3}{3 \times 3 \times 3 \times 3 \times 3}$$
$$= \frac{1}{3^2}$$
$$= 3^{3-5}$$
$$= 3^{-2}$$

すなわち、$a^{-n} = \dfrac{1}{a^n}$ と定義するのが都合よさそうです。

そして、$a^0 = 1$、$a^{-n} = \dfrac{1}{a^n}$ と定義すると、とても嬉しいことがあります。十進法の位取りは、

　万、千、百、十、一、小数第 1 位、小数第 2 位……

すなわち、

$$10^4、10^3、10^2、10、1、\frac{1}{10}、\frac{1}{10^2} \cdots$$

となっていますが、$a^0 = 1$、$a^{-n} = \dfrac{1}{a^n}$ と定義したおかげで位取りの指数が、

　10 の $(4, 3, 2, 1, 0, -1, -2, -3 \cdots\cdots)$ 乗

と、きれいに並ぶことになります。

第 3 章　0 乗と 0! がわからない　　69

分数乗はなぜ $\sqrt{}$ になるのか

次に分数乗はどう定義すべきでしょうか？　ここでも自然数の時に成り立つ指数法則とつじつまが合うように定義したいところです。

$6^{\frac{1}{2}}$ がいくつであると定義すべきか考えてみましょう。「6 を $\frac{1}{2}$ 個かける」ではやはり意味がわからないので定義するしかありません。これもやはり習っていない人に聞くと、ほとんどの人が「3」と答えます。もちろんそれで調和が保たれるのであるならばそう定義してもいいのですが、$6^{\frac{1}{2}} = 3$ では都合が悪いのです。

まず、下記の計算のように、$\left(4^2\right)^3$ が 4^6 であることには異論がないでしょう。

$$\left(4^2\right)^3 = \left(4^2\right) \times \left(4^2\right) \times \left(4^2\right)$$
$$= (4 \times 4) \times (4 \times 4) \times (4 \times 4)$$
$$= 4^6$$

したがって、一般的に m、n が自然数であるならば、$(a^m)^n = a^{mn}$ となります。

そこで、ここでもやはり、m、n が自然数でなくてもこの法則が成り立つとしたならどうなるでしょうか？

$$\left(6^{\frac{1}{2}}\right)^2 = 6^{\left(\frac{1}{2} \times 2\right)} = 6^1$$

$6^{\frac{1}{2}}$ は2乗してみたら6となりました。2乗して6になる数はいくつですか？ そう、$\pm\sqrt{6}$ です。

$6^{\frac{1}{2}}$ を負の数と考えるのは不自然で、負の数を考えたければ $-6^{\frac{1}{2}}$ にすればいいだけなのです。$6^{\frac{1}{2}} = \sqrt{6}$ と定義すれば、$(a^m)^n = a^{mn}$ という指数法則が、m、n が分数であっても調和が保たれそうです。

そこで一般的に、$a^{\frac{m}{n}}$ は n 乗すれば a^m になる数なので、

$$a^{\frac{m}{n}} = \sqrt[n]{a^m}$$

と定義します。

0乗、マイナス乗、そして分数乗を上記のように定義してよかったなーと思うのが指数関数のグラフです。$y = a^x$ のグラフが下の図のように滑らかな曲線になるのは、全て上記のように定義したからです。

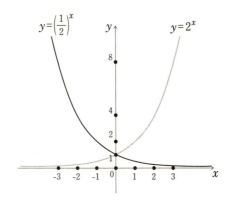

第3章 0乗と0!がわからない

約数の個数を考えるのに役立つ

　そして、0乗が1であると嬉しい場面がほかにもあります。約数の個数や総和を考える時に活躍するのです。

　12の約数は {1、2、3、4、6、12} の6個で、総和は $1 + 2 + 3 + 4 + 6 + 12 = 28$ です。12くらいなら全部書き出してもたいしたことありませんが、360ともなると全部書き出すのは大変ですし、漏れもあるでしょう。全部書き出すにしても、最初から個数がわかっていれば、漏れがあるかチェックできます。

約数の個数の公式

　素因数分解した結果が $p^a q^b r^c$ ならば、
$$(a + 1)(b + 1)(c + 1) \text{ 個}$$

　360を素因数分解すると、$360 = 2^3 \times 3^2 \times 5$ なので、$(3 + 1)(2 + 1)(1 + 1) = 24$ 個

約数の総和の公式

$$(p^0 + p^1 + p^2 + \cdots + p^a)(q^0 + q^1 + q^2 + \cdots + q^b)$$
$$(r^0 + r^1 + r^2 + \cdots + r^c)$$

　360の場合は、

$$(2^0 + 2^1 + 2^2 + 2^3)(3^0 + 3^1 + 3^2)(5^0 + 5^1)$$

$$=(1 + 2 + 4 + 8)(1 + 3 + 9)(1 + 5)$$

$$=15 \times 13 \times 6$$

$$=1170$$

これらの公式も単に丸暗記しているだけの人が実に多いです。こんな公式は、意味も考えず丸暗記したのではすぐに忘れてしまうでしょう。実は、これらの公式にも0乗が1であることが関わってきます。

12を例にして考えてみましょう。12を素因数分解すると$2^2 \times 3$で、約数の1、2、3、4、6、12は、12の素因数である2個ある「2」と1個ある「3」を何個か掛け合わせてできています。例えば、3は1個ある3を1個使ったもの、2は2個の2のうち1個だけ使ったもの、6は2と3を1個ずつ使ったものです。

つまり、約数とは素因数分解して出てきた素数を、登場した個数以下なら何個でもいいから（使わない＝0個でもいい）掛け合わせたものなのです。

スッキリした表し方

そのため、$3 = 3^1$、$6 = 2^1 \times 3^1$と表すことができるのですが、もっといいやり方があります。元の12の素因数分解を生かして、

$$12 = 2^2 \times 3^1$$

$$約数 = 2^a \times 3^b$$

として、a には 0、1、2、b には 0、1 のいずれかを代入した
ものが 12 の約数と考えると、スッキリ統一的に理解できま
す。さらに、この時、

$$3 = 2^0 \times 3^1$$

とできるので、0 乗を 1 と定義しておいてよかったと感じる
のです。

　また、約数の個数は $(2+1)(1+1)$ なので、これを一般
化すれば約数の個数を求める公式、$(a+1)(b+1)$ を導くこ
とができます。

　個数の公式は、次の樹形図を見ていただければ容易に理解
できると思います。

約数

$$2^0 \begin{cases} 3^0 \cdots & 2^0 \times 3^0 = 1 \\ 3^1 \cdots & 2^0 \times 3^1 = 3 \end{cases}$$

$$2^1 \begin{cases} 3^0 \cdots & 2^1 \times 3^0 = 2 \\ 3^1 \cdots & 2^1 \times 3^1 = 6 \end{cases}$$

$$2^2 \begin{cases} 3^0 \cdots & 2^2 \times 3^0 = 4 \\ 3^1 \cdots & 2^2 \times 3^1 = 12 \end{cases}$$

指数に 1 を足す意味は、0 個〜a 個なので、0 個のときも場合の数に含めるからです。

そして、樹形図の右の約数を掛け算で表した式を全部足すと、

$$2^0 \times 3^0 + 2^0 \times 3^1 + 2^1 \times 3^0 + 2^1 \times 3^1 + 2^2 \times 3^0 + 2^2 \times 3^1$$
$$= 2^0 \left(3^0 + 3^1\right) + 2^1 \left(3^0 + 3^1\right) + 2^2 \left(3^0 + 3^1\right)$$
$$= \left(3^0 + 3^1\right)\left(2^0 + 2^1 + 2^2\right)$$

というように、約数の総和の公式も導けます。このように 0 乗が 1 であるという定義から派生的に色々なことが見えてきます。

0！はなぜ 1 なのか

とある小学校の教室にて、先生が「$30 - 18 \div 3$ を計算しなさい」と言いました。即座に、いつも優秀な A 君が元気よく「4!」と答えました。

教室はザワザワ、みんな心の中で「自分の答えと違う、でも A 君がこんな簡単な問題を間違えるわけないし」と思いながら周りをキョロキョロしています。

すると、先生はにっこりして「さすが A 君、まだ習っていないことまでよく勉強しているね、正解だ」と言いました。

A 君はもちろん計算の順序の決まりを忘れて、$(30 - 18) \div 3 = 4$ としてしまったわけではありません。A 君は「よん……

第3章　0乗と0！がわからない　75

のかいじょう」と答えたのでした。

数学の記号で「！」は階乗といい、まさしく読んで字の如く「階段状に乗じていく」計算を表します。「4 の階乗」なら、4! = 4 × 3 × 2 × 1 = 24 となります。

一般的には、

$$n! = n(n-1)(n-2)(n-3)\cdots 3 \times 2 \times 1$$

となり、1 から n までの自然数を全てかける計算です。

「！」が登場する場面

この階乗の計算は、場合の数を求めるときによく登場します。例えば、「4 人でリレーの順番を決めるのに全部で何通りあるか」といったときに、4! = 4 × 3 × 2 × 1 = 24 通り、のように。このような、場合の数を求めるときに用いる階乗の計算「n!」に限定すれば、n に負の数・分数・小数・無理数が登場することはあり得ないので、それらの数について「n!」を定義する必要はないでしょう（実際には高度な数学においてはガンマ関数といって n を 0 以上の整数以外の数、複素数全体に拡張できます）。ところが、「0!」だけは定義「したくなっちゃう」のはなぜでしょうか。

階乗の計算を平たく言葉で言えば、「n から 1 ずつ減らした数、全部で n 個を掛け合わせてね」ということです。n が自然数なら、「4 から 1 ずつ減らした数 4 個（4、3、2、1）を全部掛け合わせるということで意味がわかります。しかし、$\sqrt{5}$ から 1 ずつ減らした数（$\sqrt{5}$、$\sqrt{5}-1$、$\sqrt{5}-2$……）

を「$\sqrt{5}$ 個」掛け合わせる……意味がわかりませんね（これらの数も定義しちゃうガンマ関数は申し訳ございませんが私の理解の範疇を超えています）。

同様に「$0!$」も 0 から 1 ずつ減らした数を「0 個」掛け合わせるとなり意味がわかりません。でも、「$0!$」だけは「定義したい！」のです。

「$0!$」を 1 と定義すると「都合がいい」一番簡単な例は、

$$\frac{n!}{n} = (n-1)!$$

という等式を $n = 1$ のときも成立させるためというのがあります。この等式は、n が 2 以上の自然数のときに成り立つのは明白です。例えば、

$$\frac{5!}{5} = \frac{5 \times 4 \times 3 \times 2 \times 1}{5}$$
$$= 4 \times 3 \times 2 \times 1$$
$$= 4!$$

のように。では、$n = 1$ のときはどうなるかというと、左辺は $\frac{1!}{1}$ で、この値は 1 です。ところが、右辺に 1 を代入すると、$(1-1)! = 0!$ となってしまいます。数学の公式というのはなるべくなら例外の無いようにしたいものなので、

$$\frac{n!}{n} = (n-1)! \ (\text{ただし } n \text{ は 2 以上の自然数})$$

第3章　0乗と0！がわからない　　77

とするよりも、

$$\frac{n!}{n} = (n-1)! \ (n \text{ は自然数})$$

とした方がスッキリしますよね。

円順列で使える？

$\frac{n!}{n} = (n-1)!$ という公式は、円順列を求めるときに登場します。円順列とは、丸いテーブルでの着席位置の場合の数を求める際に、人の位置関係だけに着目して何通りかを求める計算です。

例えば下の図のような5人掛けの丸テーブルにおいて5人の人が着席する場合の数はどうでしょうか。

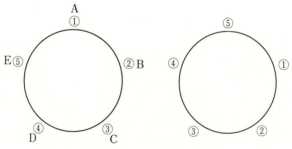

右と左で、座席の位置関係は同じ

どちらも時計回りに１２３４５の順で着席していますが、左図のように各椅子にＡＢＣＤＥと名前がついている場

合は、左と右は違う並び方となります。左図の着席の仕方が何通りになるかは、単に5人を1列に並べるのと同じなので、5! となります。しかし、椅子に区別がなく、それぞれの人から見た他の人の位置関係だけに着目するならば、図の左と右の座り方は同じと考えられます。

その場合は何通りになるかというと、5! では多すぎます。場合の数を考えるときによくある手段として、多く数え過ぎたときに引き算ではなく、割り算で減らして正しくなるように調節する方法があります。この場合なら、時計回りに１２３４５と着席するなら、1の人がＡＢＣＤＥのどの席に座っても同じとなり、5! の計算では1つでいいものをそれぞれ5回ずつカウントしたことになるので、5で割れば正しい場合の数となります。

というわけで、円順列の公式である $\frac{n!}{n} = (n-1)!$ を全ての自然数で成立させるために「0!」は1とすると都合がいいのです。ただ、1人の人について円順列なんて考えますか？日常的な感覚としては、円順列を考えるのは3人以上の場合ですよね？　だからこの公式だけならば、わざわざ 0! = 1 という一見不自然な定義をする必要はありません。他にも 0! = 1 と定義することによって美しく調和するものがあるはずです。

順列の計算が美しく！

n 人全員を並べる時の場合の数は $n!$ で求められますが、全体のうちの一部だけを並べるときは、どのように計算する

第3章　0乗と0！がわからない　　79

でしょうか。例えば 7 人の班で、班長、副班長、書記を選ぶときは（兼任禁止）、$7 \times 6 \times 5$ という計算をします。この計算を、記号で $_7\mathrm{P}_3$ と書きます（P は permutation の頭文字）。

　では、一般的な公式として n 人から k 人を順番を考えて選ぶ $_n\mathrm{P}_k$ はどうなるかというと、

$$_n\mathrm{P}_k = n(n-1)(n-2)\cdots(n-k+1)$$

となります。( ) をいくつも並べて途中を「…」で結ぶのは数学の公式としてちょっとダサいですよね？　何かスッキリ表す方法はないでしょうか？

　そこで、まずは n 人全員を並べてしまいます。全員並べるなら $n!$ です。

$$n! = n(n-1)(n-2)\cdots$$
$$(n-k+1)(n-k)(n-k-1)\cdots 3 \cdot 2 \cdot 1$$

しかし、本来求めたい場合の数は、

$$_n\mathrm{P}_k = n(n-1)(n-2)\cdots(n-k+1)$$

です。$_n\mathrm{P}_k$ を求めるには $n!$ の $(n-k)(n-k-1)\cdots 3 \cdot 2 \cdot 1$ の部分が不要です。そこで、先ほど同様割り算で余計なものを消してしまえばいいのです。$(n-k)(n-k-1)\cdots 3 \cdot 2 \cdot 1$ は $(n-k)!$ です。したがって、

$$_n\mathrm{P}_k = \frac{n!}{(n-k)!}$$

で、スッキリしました。ただ、不都合な点があります。n 人全員を並べるときにこの公式を適用するとどうなるでしょうか。n 人全員並べる場合の数は当然 $n!$ ですが、$n=k$ をこの公式に代入すると、

$$_n\mathrm{P}_n = \frac{n!}{(n-n)!} = \frac{n!}{0!}$$

となってしまいます。この結果は $n!$ になってもらわなければならないのです。そのためには、$0! = 1$ と定義してしまえばいいのです。

組み合わせの計算も美しく！

　次に組み合わせの場合はどうでしょうか。例えば、7 人から 3 人の掃除当番を選ぶ組み合わせ、$_7\mathrm{C}_3$（C は combination の頭文字）は次のように計算します。

　まず、7 人から 3 人を順番を考えて選ぶのは $7 \times 6 \times 5 = 210$ 通り。この 210 通りには、例えば ABC という 3 人を選ぶ 1 通りを、この 3 人を並べ替える全ての場合（ABC、ACB、BAC、BCA、CAB、CBA）の $3 \times 2 \times 1 = 6$ 回カウントしてしまっています。そのため、6 で割れば正しい組み合わせ数が求められます。

$$_7\mathrm{C}_3 = \frac{7 \times 6 \times 5}{3 \times 2 \times 1} = 35$$

第 3 章　0 乗と 0！がわからない　　81

一般的に n 人から k 人を選ぶ組み合わせは

$$_n\mathrm{C}_k = \frac{n(n-1)(n-2)\cdots(n-k+1)}{k!}$$

となります。これもスッキリ表記するにはどうすればいいでしょうか。分子は $_n\mathrm{P}_k$ になっているので、先ほど求めた公式を利用すれば、

$$_n\mathrm{C}_k =_n \mathrm{P}_k \times \frac{1}{k!} = \frac{n!}{(n-k)!k!}$$

となります。ここでもやはり $n = k$ のときに $0!$ が登場してしまいます。

$$_n\mathrm{C}_n = \frac{n!}{(n-n)!n!} = \frac{n!}{0!n!} = \frac{1}{0!}$$

n 人から n 人を選ぶ、すなわち、全員選ぶということ。順番が関係なければ 1 通りです。なので、$\dfrac{1}{0!}$ は 1 になってもらいたい。やはり、$0! = 1$ がいいですね。

e を綺麗に表せる！

最後に、場合の数とは関係ない場面でも $0! = 1$ と定義することが好都合なものを紹介します。それは、ネイピア数〜自然対数の底の e です（詳細は P144 で紹介）。e は、

$$e = 1 + 1 + \frac{1}{2!} + \frac{1}{3!} + \frac{1}{4!} + \frac{1}{5!} + \cdots$$

と表すこともできるのですが、最初の 2 つの 1 とそれ以降の分数とが一見不整合な感じがします。$0! = 1$ ならば、

$$e = \frac{1}{0!} + \frac{1}{1!} + \frac{1}{2!} + \frac{1}{3!} + \frac{1}{4!} + \frac{1}{5!} + \cdots = \sum_{n=0}^{\infty} \frac{1}{n!}$$

と表せて e 気分！

第 **4** 章

マイナス × マイナスは
なぜプラスになるのか

カンタンに示す方法

中学に入り、算数が数学になった時の最大の変化は、負の数と文字を扱うことでしょう。そこで多くの生徒が最初に疑問に感じるのが「なぜマイナス × マイナスがプラスになるのか」ではないでしょうか。私が塾講師時代にこの疑問に手っ取り早く生徒を納得した気分にさせた説明は、水槽を使ったものでした。

> **説明**
>
> ある時点で一定量の水が入っている水槽に給水ポンプと排水ポンプがあり、ポンプは毎分 3L 給排水ができるとする。ここで、
>
> 給水→ ＋3L/分、排水→ −3L/分
> 現時点から a 分後→＋a、a 分前→ −a
>
> とすると、
>
> - 給水だけで 2 分後→ (+3) × (+2)
>   現時点より 6L 増加しているので +6
> - 給水だけで 2 分前→ (+3) × (−2)
>   現時点より 6L 少なかったので −6
> - 排水だけで 2 分後→ (−3) × (+2)
>   現時点より 6L 減少しているので −6
> - 排水だけで 2 分前→ (−3) × (−2)
>   現時点より 6L 多かったので +6

となります。一例を示しただけで証明にはなっていません

が、中学1年生を単なる暗記でなく納得させるにはこれで十分でしょう。

文字を使って説明するなら以下の通りです。

前提として、

$$a \times 0 = 0$$
$$a + (-a) = 0$$
$$a \times (-b) = -ab$$
$$a \times (b + c) = ab + bc$$

が成立するので、

$$(-b) \times 0 = 0$$
$$(-b) \times \{a + (-a)\} = 0$$
$$(-b) \times a + (-b) \times (-a) = 0$$
$$-ab + (-b)(-a) = 0$$
$$(-a)(-b) = ab$$

複素数と三角関数を使ったもうひとつの考え方

ところで、人類が数という概念を獲得した当初、数字はものを数える1、2、3…という自然数だけだったはずです。ところが、方程式を解くようになると、

$$x - a = b \quad (a, b \text{ は自然数})$$

なら解は自然数だけですが、

$$x + a = b \ (a, b \ \text{は自然数})$$

という方程式は $a > b$ のときには自然数解を持ちません。そこで数の概念を、自然数のみから「負の数も含めた整数」と拡張したのでしょう。そして、また、

$$ax + b = 0$$

という方程式を解くには、整数だけでは解が求められない場合があるので、分数や小数など数の概念を拡張してきました。さらに、

$$x^2 = 2$$

のような方程式を解くために、$\sqrt{2}$ のような無理数まで数の概念を拡張しました。

「解の公式」導けますか？

二次方程式の一般形は $ax^2 + bx + c = 0 \ (a \neq 0)$ ですが、

$$x = \frac{-b \pm \sqrt{b^2 - 4ac}}{2a}$$

という解の公式を使えば、a、b、c がどのような値でも万能に解くことができます（ただし $a \neq 0$）。この二次方程式の解の公式は紀元前からそれらしい考え方はあったようですが、きちんと体系化されたのは9世紀頃のようです。

第4章　マイナス × マイナスはなぜプラスになるのか　87

導き方は平方完成（後述します）するだけなので、本来ならば中学生でも容易に理解できるはずですが、ほとんどの中学生は「エックスイコール、ニーエーブンノ、マイナスビー、プラスマイナスルートビーニジョーマイナスヨンエーシー」と理屈もわからず念仏のように何度も唱えて丸暗記しています。だから2017年に埼玉県が公立高校の入学試験で全学校同一問題をやめて、数学と英語は上位校向け問題を用意し、そこでこの解の公式を導かせる記述問題を出題したところ、壊滅的な正答率で試験中にすすり泣く声まで聞かれたそうです。

　教科書にはちゃんと解の公式を導く過程は書かれているのですが、ほとんどの中学生は二次方程式が因数分解できないと、すぐに丸暗記している解の公式に数字を当てはめて答えを出すだけで済ませてしまっています。

　$x^2 - 2x - 5 = 0$ のような二次方程式ですぐに解の公式を使い始める生徒をみるとため息が出てしまいます。なぜなら、二次方程式の解の公式を単なる丸暗記ではなく導き方を理解していれば、この方程式の係数を見たときに、「この係数なら解の公式に数字を当てはめて計算するより、解の公式を導く方法をそのままやった方が計算が楽」と気づくはずだからです。

　二次方程式の解法の習得の順番は大抵、

$$x^2 = 9$$
$$x = \pm 3$$

$$x^2 = 5$$
$$x = \pm\sqrt{5}$$

といった形から始まります。次に、わざわざ親切な形をした

$$(x-3)^2 = 4$$
$$x - 3 = \pm 2$$
$$x = 3 \pm 2$$
$$x = 1,\ 5$$

$$(x+1)^2 = 5$$
$$x + 1 = \pm\sqrt{5}$$
$$x = -1 \pm \sqrt{5}$$

といった、すでに平方完成されているタイプ。さらに、因数分解できるタイプ。

$$x^2 - 2x - 15 = 0$$
$$(x-5)(x+3) = 0$$
$$x = 5,\ -3$$

　そして、最後に解の公式を教わるのですが、頭に残るのは「因数分解できなければ丸暗記した解の公式を使えばよい」だけです。だから、$(x+1)^2 = 5$ のような親切な形をした二次方程式を見ても、人の親切を 蔑 ろにして

第4章　マイナス × マイナスはなぜプラスになるのか　89

$$(x+1)^2 = 5 \cdots ①$$
$$x^2 + 2x + 1 = 5 \cdots ②$$
$$x^2 + 2x - 4 = 0 \cdots ③$$

$$x = \frac{-2 \pm \sqrt{2^2 - 4 \times (-4)}}{2}$$
$$= \frac{-2 \pm \sqrt{20}}{2}$$
$$= \frac{-2 \pm 2\sqrt{5}}{2}$$
$$= -1 \pm \sqrt{5}$$

などという間抜けな解き方をする人が数多くいます。

解の公式とは上記 ① ② ③ を ③ ② ① と逆に辿っていくことによって導かれているのです。すなわち、二次方程式の一般形である、

$$ax^2 + bx + c = 0 \ (a \neq 0)$$

については、下記の手順で、$(x+1)^2 = 5$ のような親切な格好にすることから始めます（これが平方完成です）。

x^2 の係数を 1 にしたいので、両辺を a で割ります。

$$x^2 + \frac{b}{a}x + \frac{c}{a} = 0$$

$(x+\square)^2$ を展開した時に、1次の係数が上の式の $\dfrac{b}{a}$ と同じになるような□の数字を選びます。$\dfrac{b}{a}$ の半分である $\dfrac{b}{2a}$ がそれにあたります。$\left(x+\dfrac{b}{2a}\right)^2$ を展開すると、

$$\left(x+\frac{b}{2a}\right)^2 = x^2 + \frac{b}{a}x + \frac{b^2}{4a^2}$$

となるので、元の式になかった余計な $\dfrac{b^2}{4a^2}$ を引いて、つじつまを合わせます。

$$\left(x+\frac{b}{2a}\right)^2 - \frac{b^2}{4a^2} + \frac{c}{a} = 0$$

通分して移項すると、

$$\left(x+\frac{b}{2a}\right)^2 = \frac{b^2 - 4ac}{4a^2}$$

となります。ここで、

$$(x+1)^2 = 5$$
$$x+1 = \pm\sqrt{5}$$

と解いたのと同様に、

第4章　マイナス × マイナスはなぜプラスになるのか　　91

$$x + \frac{b}{2a} = \pm\sqrt{\frac{b^2 - 4ac}{4a^2}}$$

ここで注意しなければならないのは、$\sqrt{4a^2} = 2a$ ではなく（なぜなら $a < 0$ だと成り立たない）、$\sqrt{4a^2} = |2a|$ であるということです。ただ、この場合は分子が $\pm$ なので、結局絶対値の記号 | | はなくて大丈夫なのです。

この辺の細かいところまで中学生に問うのは流石に酷だから、埼玉県の入試問題では $a > 0$ と設定していました。計算を続けます。

$$x + \frac{b}{2a} = \frac{\pm\sqrt{b^2 - 4ac}}{|2a|}$$
$$x = \frac{-b \pm \sqrt{b^2 - 4ac}}{2a}$$

ちなみに、結局はなくていい | | ですが、一旦は $\sqrt{a^2} = |a|$ としなければならない煩わしさを解消するうまい方法があります。それは、最初に a で割るのではなく、$4a$ をかけてしまうのです。$ax^2 + bx + c = 0 \ (a \neq 0)$ の両辺に $4a$ をかけて、

$$4a^2x^2 + 4abx + 4ac = 0$$
$$(2ax + b)^2 - b^2 + 4ac = 0$$
$$(2ax + b)^2 = b^2 - 4ac$$
$$2ax + b = \pm\sqrt{b^2 - 4ac}$$

$$2ax = -b \pm \sqrt{b^2 - 4ac}$$

$$x = \frac{-b \pm \sqrt{b^2 - 4ac}}{2a}$$

先ほどため息が出てしまうと言った $x^2 - 2x - 5 = 0$ のように、2次の係数が1で1次の係数が偶数の二次方程式は、解の公式を使うより平方完成をそのままやったほうがはるかに早く、学びも多いのです（平方完成に慣れないと高校で一般的な二次関数のグラフが書けない）。

$$x^2 - 2x - 5 = 0$$
$$(x - 1)^2 - 1 - 5 = 0$$
$$(x - 1)^2 = 6$$
$$x - 1 = \pm\sqrt{6}$$
$$x = 1 \pm \sqrt{6}$$

何百年も放置された「解を持たない方程式」

ところで、二次方程式は解の公式の平方根の中身 $b^2 - 4ac$ が負になると実数解を持ちません。

$ax^2 + bx + c = 0 \ (a > 0)$ という二次方程式は、$y = ax^2 + bx + c$ の左辺が0ということなので、$ax^2 + bx + c = 0$ の解は $y = ax^2 + bx + c \ (a > 0)$ という下に凸の放物線のグラフと x 軸との交点の x 座標ということになります。

$y = ax^2 + bx + c$ の右辺を平方完成すると、

第4章　マイナス × マイナスはなぜプラスになるのか　　93

$$y = a\left(x^2 + \frac{b}{a}x\right) + c$$
$$= a\left(x + \frac{b}{2a}\right)^2 - \frac{b^2}{4a} + c$$
$$= a\left(x + \frac{b}{2a}\right)^2 - \frac{b^2 - 4ac}{4a}$$

となります。

$a > 0,\ \left(x + \dfrac{b}{2a}\right)^2 \geq 0$ なので、

$$y = ax^2 + bx + c\ (a > 0)$$

は、$x = -\dfrac{b}{2a}$ のときに最小値 $-\dfrac{b^2 - 4ac}{4a}$ をとります。したがって、$b^2 - 4ac$ の正負により、グラフはそれぞれ次の図のような概形となります。

① $b^2 - 4ac > 0$ のとき、$-\dfrac{b^2 - 4ac}{4a} < 0$ なので、相異2実数解

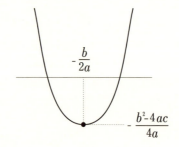

② $b^2 - 4ac = 0$ のとき、重解

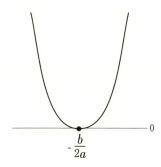

③ $b^2 - 4ac < 0$ のとき、実数解なし

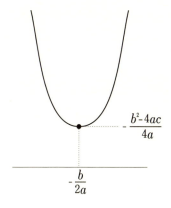

　方程式の解を求めるために数の概念を拡張してきた人類ですが、二次方程式の解がない状態は数百年もの間放っておいたようです（無理数と違い数直線上にはないのでやむを得

第4章　マイナス × マイナスはなぜプラスになるのか　　95

ないでしょう）。

虚数単位「i」が必要になった理由

　ところが、16世紀に三次方程式の解の公式が発見されると、平方根の中身が負になる数を定義しないと困る状況が現れたのです。というのも、容易に因数分解できて、普通に解けば明らかに実数解を持つ三次方程式に解の公式を用いると、途中に

$$\sqrt[3]{-2+\sqrt{-4}} + \sqrt[3]{-2-\sqrt{-4}}$$

という式が出てきてしまうのです。3乗根の中身が負なのは構いませんが（$\sqrt[3]{-8} = -2$）、平方根の中身が負なのは、二次方程式の解の公式でも「解なし」として処理してきました。$\sqrt{-4}$ のような数は定義していません。二次方程式は、解の公式の平方根の中身が負ならば実数解は「絶対に」持たないのでそれでよかったのですが、明らかに実数解がある三次方程式で、正しいはずの解の公式を用いているのに定義できない数が出てくるのは実に不都合です。

　そこで、$(\sqrt{-4})^2 = -4$ と2乗して負になる数を定義したら上の式はどうなるでしょうか。

$$t = \sqrt[3]{-2+\sqrt{-4}} + \sqrt[3]{-2-\sqrt{-4}}$$

$$\alpha = \sqrt[3]{-2+\sqrt{-4}}$$

$$\beta = \sqrt[3]{-2-\sqrt{-4}}$$

とすると、

$$t = \alpha + \beta$$

$$\alpha^3 + \beta^3 = \left(\sqrt[3]{-2 + \sqrt{-4}}\right)^3 + \left(\sqrt[3]{-2 - \sqrt{-4}}\right)^3$$
$$= -2 + \sqrt{-4} - 2 - \sqrt{-4}$$
$$= -4$$

$$\alpha\beta = \sqrt[3]{-2 + \sqrt{-4}} \sqrt[3]{-2 - \sqrt{-4}}$$
$$= \sqrt[3]{\left(-2 + \sqrt{-4}\right)\left(-2 - \sqrt{-4}\right)}$$
$$= \sqrt[3]{4 - \left(\sqrt{-4}\right)^2}$$
$$= \sqrt[3]{8}$$
$$= 2$$

$\alpha^3 + \beta^3 = (\alpha + \beta)^3 - 3\alpha\beta(\alpha + \beta)$ なので、

$$-4 = t^3 - 3 \cdot 2t$$
$$t^3 - 6t + 4 = 0$$

が成立します（要するに元の三次方程式はこれで、これに解
の公式を適用すると $\sqrt[3]{-2 + \sqrt{-4}} + \sqrt[3]{-2 - \sqrt{-4}}$ が出て
きてしまう）。

$$t^3 - 6t + 4 = (t - 2)(t^2 + 2t - 2)$$

と因数分解できるので、$t^3 - 6t + 4 = 0$ の解は、

$$t = 2, \ -1 \pm \sqrt{3}$$

となります。

　実は、$\sqrt[3]{-2 + \sqrt{-4}} + \sqrt[3]{-2 - \sqrt{-4}}$ の値は実際には 2 ですが、いずれにせよ t は実数です。

$(\sqrt{-4})^2 = -4$ のように 2 乗して負になる数（虚数：imaginary number）を定義することにより、三次方程式の解の公式は、実数解を持つものは正しく実数解を返し、3 個の解を出します。また、今まで解なしとしてきた判別式が負の二次方程式も、重解を複数解とみなし、虚数解も解に含めれば、2 個の解を出します。つまり、2 次方程式には必ず 2 個の解、3 次方程式には必ず 3 個の解があるということになり、実に美しく調和するようになりました。

「ガウス平面」で「i」が調和する

　ただ、$\sqrt{-1} = i$, $i^2 = -1$ という虚数単位 i はすんなり受け入れられたわけではなく、大哲学者であり数学者でもあったデカルトも否定的に捉えていたようです。しかし、天才数学者ガウスが目に見えない imaginary な（想像上の）数である虚数（実数も目に見えるわけではありませんが）を見える化するために「ガウス平面」というものを考案して、全てが美しく調和するようになりました。

　ガウス平面とは、実数の数直線に、垂直に交わる虚軸を引

いただけのものです。要するに関数の xy 平面の x 軸を実数、y 軸を虚数にしただけです。例えば、xy 平面における $(2, 3)$ の地点を $2+3i$ と表します。

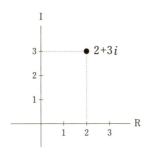

このような、$a+bi$ で表せる数を複素数と言います。$b=0$ なら実数で、$b \neq 0$ なら虚数となります（要するに全ての数は複素数）。ちなみに複素数とは "complex number"（複合した数）を日本語に訳すときにこの字が当てられました。素数の prime number とは関係なく、素（もと）となる数が複数（実部と虚部）あり、それらが複合したという意味です。

では、ガウス平面（以下、複素平面と呼びます）によって、何がどう美しく調和するのでしょうか。

足し算・引き算について、例えば、

$$(3-i)+(2+3i) = 5+2i$$

となりますが、これは $3-i$ から実軸方向（横）に 2、虚軸方向（縦）に 3、平行移動したということで、ベクトルの足

第4章 マイナス × マイナスはなぜプラスになるのか

し算と同じ要領で、平行四辺形を書けばいいだけです。

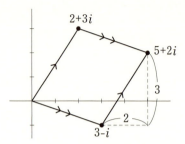

複素数の足し算はベクトルの足し算のようなもの

掛け算・割り算についても、$i^2 = -1$ とすること以外はすべて今まで通りの計算法則を適用すると、どうなるでしょうか。例えば、$(2+3i)(3-i)$ という掛け算は、

$$(2+3i)(3-i) = 6 + (9-2)i - 3i^2$$
$$= 6 + 7i - 3(-1)$$
$$= 9 + 7i$$

となります。計算自体はなんでもないですが、計算結果の $9 + 7i$ は複素平面上のどこにあるのでしょうか？　足し算や引き算のように視覚的に捉えることはできないのでしょうか。

「虚数のかけ算」が意味していること

ここで、絶対値というものを考えてみます。中学 1 年生で負の数を学習した際に、同時に絶対値というものも学習し

たはずです。$|-3|=3$、$|4|=4$ のように。

　絶対値とは何なのか。正の数ならそのまま、負の数ならマイナスをとったもの、と捉えても中学生のうちなら構いません。ただそれだと、複素数にも絶対値を定義しようとした時に、複素数では正負は考えないので困ってしまいます。

　そこで、絶対値を「原点からの距離」と定義します。そうすれば、実数の時には正の数ならそのまま、負の数ならマイナスをとった数と今まで通りで変わりませんし、複素数でも原点からの距離は一意に定まります。これは定義として都合がよさそうです。

　絶対値を原点からの距離と定義したならば、複素数の絶対値は、ピタゴラスの定理を用いて求めることができます。計算してみましょう。

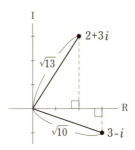

複素数の絶対値は、直角三角形の斜辺の長さ

$$|2+3i| = \sqrt{2^2+3^2} = \sqrt{13}$$
$$|3-i| = \sqrt{3^2+1^2} = \sqrt{10}$$

そして、先ほどの $(2+3i)(3-i)$ の結果である $9+7i$ の絶対値を計算してみると、$|9+7i| = \sqrt{9^2+7^2} = \sqrt{130}$ となります。どうやら複素数の掛け算は、それぞれの複素数の絶対値を掛けた値と関係がありそうです。

三角関数ですべてを調和させる

では、複素数同士の掛け算を、何かほかの形で表すことはできないでしょうか。

複素平面上で、実軸の正の方向から、複素数が表す点までの反時計回りの角度を偏角といいます。普段は意識しないでしょうが、実数にも偏角があります（$0°、180°、360°$……）。ちゃんと書くなら、正の数は $180° \times 2n$、負の数は $180° \times (2n+1)$（ただし n は整数）となります。

その偏角を α として、$a+bi$ を α を用いて別の方法で表記してみます。

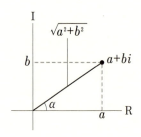

まず、

$$\cos\alpha = \frac{a}{\sqrt{a^2+b^2}}, \quad \sin\alpha = \frac{b}{\sqrt{a^2+b^2}}$$

したがって、

$$a = \sqrt{a^2+b^2}\cos\alpha, \quad b = \sqrt{a^2+b^2}\sin\alpha$$

よって、

$$a+bi = \sqrt{a^2+b^2}(\cos\alpha + i\sin\alpha)$$

つまり、複素数 $a+bi$ は、複素平面上の単位円周上の点 $\cos\alpha + i\sin\alpha$ を、$\sqrt{a^2+b^2}$ 倍に伸ばした先の点のことを示しているのです。

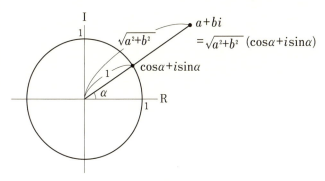

$a+bi$ を三角関数で表した図

複素数のこのような表し方を「極形式」といいます（polar form の直訳）。

同様に $c + di$ のことを、偏角を β として表します。

$$c + di = \sqrt{c^2 + d^2}(\cos \beta + i \sin \beta)$$

複素数同士の掛け算も極形式で表してみましょう。

$$(a + bi)(c + di) = ac - bd + (ad + bc)i$$

なので、偏角はまだわからないので γ とすると、

$$\sqrt{(ac - bd)^2 + (ad + bc)^2}(\cos \gamma + i \sin \gamma)$$

ルートの中身だけ別途計算してみると、

$$(ac - bd)^2 + (ad + bc)^2$$
$$= a^2 c^2 - 2abcd + b^2 d^2 + a^2 d^2 + 2abcd + b^2 c^2$$
$$= a^2 c^2 + b^2 d^2 + a^2 d^2 + b^2 c^2$$
$$= a^2(c^2 + d^2) + b^2(c^2 + d^2)$$
$$= (a^2 + b^2)(c^2 + d^2)$$

したがって、

$$\sqrt{(ac - bd)^2 + (ad + bc)^2}(\cos \gamma + i \sin \gamma)$$
$$= \sqrt{(a^2 + b^2)(c^2 + d^2)}(\cos \gamma + i \sin \gamma)$$
$$= \sqrt{a^2 + b^2}\sqrt{c^2 + d^2}(\cos \gamma + i \sin \gamma)$$

この時点で、「複素数の掛け算は、それぞれの複素数の絶対値を掛けた値と関係がありそう」という推測は当たってい

ることがわかります。

こうして、マイナス×マイナスがプラスになる

では、偏角 γ と α、β の関係はどうなっているのでしょうか。掛け算を極形式で行ってみると、

$$(a + bi)(c + di)$$
$$= \sqrt{a^2 + b^2}(\cos\alpha + i\sin\alpha)\sqrt{c^2 + d^2}(\cos\beta + i\sin\beta)$$
$$= \sqrt{a^2 + b^2}\sqrt{c^2 + d^2}(\cos\alpha + i\sin\alpha)(\cos\beta + i\sin\beta)$$

実部と虚部を意識しながら掛け算を行うと

$$= \sqrt{a^2 + b^2}\sqrt{c^2 + d^2}(\cos\alpha\cos\beta - \sin\alpha\sin\beta$$
$$+ i(\sin\alpha\cos\beta + \cos\alpha\sin\beta))$$

すると、加法定理が登場しました。

加法定理

$$\sin(\alpha + \beta) = \sin\alpha\cos\beta + \cos\alpha\sin\beta$$
$$\cos(\alpha + \beta) = \cos\alpha\cos\beta - \sin\alpha\sin\beta$$

したがって、

$$= \sqrt{a^2 + b^2}\sqrt{c^2 + d^2}\{\cos(\alpha + \beta) + i\sin(\alpha + \beta)\}$$

よって、$\alpha + \beta = \gamma$ であることがわかります。つまり、複

素数（実数も複素数です）の掛け算は、(絶対値)×(絶対値)をして、それぞれの偏角は足しているということになるのです。

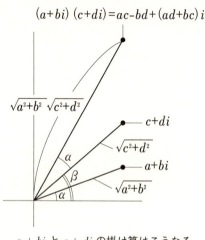

$a + bi$ と $c + di$ の掛け算はこうなる

そう考えると、(マイナス)×(マイナス)=(プラス)というのも美しく調和しませんか。

$-a\ (a > 0)$ というのは、絶対値が a、偏角が $180°$ の数です。$(-2) \times (-3)$ の場合、絶対値同士の掛け算は

$$|-2| \times |-3| = 2 \times 3 = 6$$

偏角は、

$$180° + 180° = 360°$$

つまりは正ということなので、

$$(-2) \times (-3) = +6$$

第 **5** 章

なぜ二進法が
使われるのか？

宇宙へのメッセージ

　1977年に打ち上げられて、現在では地球から約240億km先（冥王星が地球と最も離れた時の距離が約75億km）を航行中の宇宙探査機・ボイジャー1号。当初の目的である木星・土星の探査を終えた今も地球と交信中ですが、あと数年で電池が尽き、地球との交信は不可能となってしまいます。しかし、電池が尽きても宇宙空間なので、慣性の法則により引き続き秒速17kmで航行し続けて、「地球外知的生命体に自分自身を拾い上げてもらい、積み込まれた地球の様子を紹介するメッセージを読んでもらう」というもう一つの大事な任務を遂行し続けるでしょう。

　地球外知的生命体はいると考えるのが合理的ではあるけれども、それは地球と同じように恒星から程よい距離にある惑星と考えられます。運良く地球から一番近い恒星であるケンタウルス座 α 星（4.3光年）の惑星に知的生命体がいたとしても、そこに辿り着くまでには7万年以上（$\dfrac{30\,\text{万\,km/秒}}{17\,\text{km/秒}} \times 4.3 \fallingdotseq 75000\,\text{年}$）かかってしまいます。返信を受け取るのは後世に委ねるしかありません（実際にはボイジャー1号はその方向に飛んでいないのでさらに多くの年月が必要）。

　ところで、ボイジャー1号に積み込まれた地球の様子を伝えるメッセージの中で、いろいろなもののサイズを示す数値には二進法が使われています。なぜ十進法ではなく二進法なのでしょうか。

十進法に合理性はない

　人類のほとんどの文明で十進法が使われているのは、人間の指が 10 本だからという生物学的な根拠によるもので、実は数学的な合理性はありません。バルタン星人なら片手の指（？）が 2 本、両手で 4 本なので四進法、ジャイアントパンダが将来数字を使いこなせるほどに進化したなら十四進法を使うでしょう（一説によればジャイアントパンダの指は片手に 7 本）。

　ただ、四進法や十四進法という表現は十進法を使う側からの上から目線の言い方で、バルタン星人は「我こそが真の十進法だ！ 1、2、3 の次は 10 で、そもそも我々は 4 などという数字は知らん」と言うでしょう。ジャイアントパンダの世界では、1、2、3、4、5、6、7、8、9、ときたらその次には我々人類の知らない謎の 1 桁の数字が 4 つ並んで、その次にようやく 10 が登場します。そして、ジャイアントパンダも「これが真の十進法だ。9 の次が 10 なんておかしな記数法は不便だ」と主張するでしょう。

　つまり、十進法というのは言わばローカル言語のようなもので、指が 10 本の文明にしか通用しないのです。だからボイジャー 1 号に積み込まれたメッセージの数字には、どのような文明においても普遍的に通用すると考えられる二進法が使われたのでしょう。

　なぜ、二進法はどのような文明においても通用すると考えられるのでしょうか。コンピュータの世界で二進法が使われているのはよく知られた事実ですが、それもやはり二進法

が数学的に最も合理的（日常生活で使うのに便利かどうかを考慮しなければの話）だからです。そのためには記数法（N進法）の根本的仕組みの理解が必要なので、まずはそこから考えてみます。

なぜみんな記数法（N進法）が嫌いか

多くの高校生は記数法（N進法）の分野を毛嫌いしています。それは、ただでさえ「数学なんて実生活で何の役に立つの？」と疑問に感じているのに、記数法に至っては十進法以外の数字を実生活で目にすることすらないからでしょう。その上、「やり方」しか教えない先生（不本意ではあるが生徒のニーズに迎合しているだけかもしれません）も存在します。仕組みもわからずただ単に定期試験で点を取ったらその後一生使うことのないものなど楽しいはずがありません。

その「やり方」ですが、例えば「1000を六進法で表せ」という問題なら図のようにします。1000を6で割ってその商をまた6で割って……と商が0になるまで次々に6で割って、余りを下から並べれば出来上がりです（連除法と呼びます）。

$$
\begin{array}{r}
6)\overline{1000} \\
6)\overline{166\cdots4} \\
6)\overline{27\cdots4} \\
4\cdots3
\end{array}
$$

$$1000_{(10)}=4344_{(6)}$$

1000 を六進法で表す方法（連除法）

$$1000 \div 6 = 166 \cdots 4$$

$$166 \div 6 = 27 \cdots 4$$

$$27 \div 6 = 4 \cdots 3$$

（計算用紙には書く必要はないけれど、）

$$4 \div 6 = 0 \cdots 4$$

余りを下から並べて、

$$1000_{(10)} = 4344_{(6)}$$

突然こんな「やり方」だけを示されても、なぜこれで変換できるのか理解できない人がほとんどでしょう。

逆に、六進法の数字を十進法に換算する「やり方」は次の通りです。例えば、$23045_{(6)}$ を十進法にするには、まず、「6」を隙間を十分に空けて、桁の数だけ書きます。

6   6   6   6   6

次に、6 の右上に指数を、右から 0、1、2、3……と順に振っていきます。

$$6^4 \qquad 6^3 \qquad 6^2 \qquad 6^1 \qquad 6^0$$

その次に、求める六進法の数の各位の数と「×」を、6^n の前に書いて、後ろに「+」を書きます。

$$2 \times 6^4 + 3 \times 6^3 + 0 \times 6^2 + 4 \times 6^1 + 5 \times 6^0$$

こうしてできた式を十進法で計算すれば、十進法に換算することができます。

$$2 \times 6^4 + 3 \times 6^3 + 0 \times 6^2 + 4 \times 6^1 + 5 \times 6^0 = 3269$$

$$23045_{(6)} = 3269_{(10)}$$

これもやはり、「やり方」だけを教わっても仕組みは理解できないのが普通でしょう。

「わかりやすい」の罪

YouTube の動画にこの「やり方」だけを、仕組みや原理、なぜこの方法で求められるかといった説明は一切なしで解説したものがあります。そのコメント欄には、「わかりやすい！ 私の学校の先生は、どうしてそうなるかばかりを説明するから全然わからない、これなら私にもわかります」といった類のコメントが溢れていました。

ここでの「わかりやすい」は、ただ単に答えを出すための

第 5 章　なぜ二進法が使われるのか？　　113

手順がわかりやすいだけであって、本質は何もわかっていません。数学が苦手な人が陥りやすい誤った認識「解法を身につければ数学ができるようになる」を象徴するものです。数学を得意とする人は、「数学は本質をきちんと理解すれば、公式や解法は覚えなくても自然と導かれる」ということがわかっています。そのような人からは、このような「やり方」しか説明しない動画、そしてそれを称賛するコメントを見ると、「そりゃー数学ができるようにはならないよな」と思ってしまうのです。

母国語は自然と身について使っているので、普段は文法（仕組み）などを意識しません。それと同様に十進法も、日常で何気なく正しく使えているので記数法の根本的な仕組みを理解していない人がほとんどです。だから、習ったこともない外国語が全く理解できないのと同様に、N≠10のN進法に対しても拒絶反応を示すのでしょう。

言語の場合は、それぞれの言語ごとに文法も違うので習得するのは大変ですが、N進法はNがいくつであろうと仕組みは全て同じです。なので、一度理解してしまえばN≠10でもすんなり受け入れられるようになるはずです。

では一体、記数法の仕組みはどうなっているのでしょうか。

全ての記数法は十進法である

N進法を理解する最も手っ取り早い方法は「全ての記数法は十進法である」という認識を持つことです。バルタン星人やジャイアントパンダが「我こそが真の十進法だ」と主張

したのは「全ての記数法は十進法」だからなのです。

　そもそも人類が十進法を使うのは、指が 10 本だからでしょう。人類が数という概念を獲得した際、まずは指折り数えるということから始めたはずです。1、2、3……と、指と対象物を 1 対 1 で対応させていき、全ての指を折ってしまうと、もうそれ以上数を数えることができなくなってしまいます。何も記録せずに折った指を再び広げてしまったら、20 以下なら覚えていられるでしょうが、40、50……となったら、いくつかわからなくなってしまいます。

　そこで、「手の指を全部折ったら足の指 1 本に印をつける」と決めれば、自由になった手の指は再び数を数えることができるようになります。足の指の 1 つの印＝手の指を全て折ったことを「10」としたのです。そして、足の指の印も全て一杯になったら、もう指はないので木の枝でも用意して、木の枝 1 本を $100 = 10 \times 10 = 10^2$ とするのです。この木の枝を 10 本用意して、その枝が 10 本溜まった印となるものを 10 個用意して……こうしてさらに先まで数を数えることができるようになったのです。

　この数の数え方、もしも片手の指が 4 本や 6 本（両手で 8本、12 本）の生命体が数という概念を獲得したらどうなるでしょうか。

　冒頭に書いた「全ての記数法は十進法である」とは、指を全部折った状態を「10」とするということです。指の数が何本であろうと全部折ったら「10」です。

第 5 章　なぜ二進法が使われるのか？　　　115

指が8本の知的生命体が指を全部折った状態は、我々人類の目線では「8」ですが、彼らにとっては「10」なのです。そして、彼らは「8」などという数字を持ちません。同様に指が12本の知的生命体の場合は、指を全部折ったら我々目線では「12」ですが、それもやはり彼らにとっては「10」なのです。そして、彼らは9の次と次に、我々の知らない1桁の数字を2つ持っています。

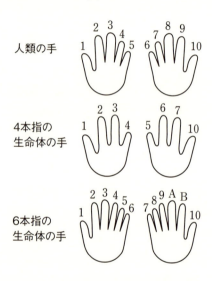

　彼らが用いているのが我々目線で言うところの「八進法」「十二進法」ですが、彼ら自身は、自分達が用いているのが「十進法」と思っているのです。だから、指の数が何本であろうと、その人の目線から見れば「十進法」なのです。

N 進数→十進数にするには

中学数学の方程式の文章題で、「千の位と十の位の数字を入れ替えたら、元の数より○○小さくなる数は何か求めよ」みたいな問題があったかと思います。元の数の千の位の数を x、百の位の数を a、十の位の数を y、一の位の数を b とすると、

$$1000x + 100a + 10y + b - (1000y + 100a + 10x + b)$$
$$= ○○$$

という式になります。これにならって、数というのをちょっと気取って一般的に表記してみましょう。a_k を各位の数とすれば、

$$\boxed{a_n}\,\boxed{a_{n-1}}\,\boxed{a_{n-2}}\cdots\cdots\boxed{a_2}\,\boxed{a_1}\,\boxed{a_0}$$
という $n+1$ 桁の数字

となります。この $n+1$ 桁の数字を数式にすると、

$$10^n a_n + 10^{n-1} a_{n-1} + 10^{n-2} a^{n-2} + \cdots + 10^2 a_2 + 10^1 a_1 + 10^0 a_0$$

となります。例えば 12345 という数は、

$$1 \times 10^4 + 2 \times 10^3 + 3 \times 10^2 + 4 \times 10^1 + 5 \times 10^0$$

となります。「全ての記数法は十進法」なので、この数字の表現方法は、指の数が何本の知的生命体においても同じで

第5章 なぜ二進法が使われるのか？ 117

す。ただし、ここでの「10」は必ずしも普段我々が使っている「10」ではなく、指を全部折った状態を表す「10」なのです。したがって、我々と指の数の違う生命体が記した数字を我々の数に換算するには、彼らが意味する「10」を我々の数に変換する必要があるのです。

先ほどの六進法（指が6本の文明が使う記数法）の $23045_{(6)}$ を十進法に換算する式の意味がわかってきたのではないでしょうか。何度も言いますが、全ては「十進法」なので、$23045_{(6)}$ も、

$$23045 = 2 \times 10^4 + 3 \times 10^3 + 0 \times 10^2 + 4 \times 10 + 5$$

なのです。そして、さらに繰り返しになりますが、ここでの「10」は我々が普段使っている10ではなく、指が6本の知的生命体が指を全部折った状態のことです。したがって、十進法以外で記された数を十進法に換算するには、$23045 = 2 \times 10^4 + 3 \times 10^3 + 0 \times 10^2 + 4 \times 10 + 5$ の10の部分を我々の数字に置き換えてやればいいのです。すなわち、

$$23045_{(6)} = 2 \times 6^4 + 3 \times 6^3 + 0 \times 6^2 + 4 \times 6^1 + 5 \times 6^0$$
$$= 3269_{(10)}$$

となるわけです。

十進数→N進数にするには
では逆の、十進法をN進法に換算する仕組みはどうなっ

ているのでしょうか。まず、先ほど出た $3269_{(10)}$ という十進法の数を、冒頭に示した連除法（その数を次々と N で割っていく）で十進法に換算してみましょう。十進法→十進法なので当然結果は 3269 のままですが、仕組みを理解するために一応やってみます。

$$3269 \div 10 = 326 \cdots 9$$
$$326 \div 10 = 32 \cdots 6$$
$$32 \div 10 = 3 \cdots 2$$
$$3 \div 10 = 0 \cdots 3$$

余りを下から書いて 3269。これは何をやっているのでしょうか。

十進法というのは、10 個集まれば束にするという数え方です。なので、まずは全てのものを 10 個ずつの束にします。

$$3269 \div 10 = 326 \cdots 9$$

この式は、10 個の束が 326 束できて、束になれなかった余りが 9 個出たという意味です。その余った 9 個が 1 の位の数になります。

次の、

$$326 \div 10 = 32 \cdots 6$$

は、先ほどの計算で出てきた「326 束できた 10 個の束」を、

第5章　なぜ二進法が使われるのか？　　119

さらに 10 ずつの束（1 束が $10 \times 10 = 100$ 個）に分けるという式です。その結果、32 個の束ができて、10 個の束が 6 個余ることがわかりました。その余った 6 個は 10 が 6 個ということなので、6 が 10 の位の数字となります。

　以下、$32 \div 10$ で、1000 の塊が 3 つできて 100 の塊が 2 つ余ったので、100 の位が 2 で 1000 の位が 3 となります。つまり、数字というのは 10 個ずつ束にして束にならなかった数字を下の位から並べているとも言い換えることができるのです。

　しつこくて申し訳ありませんが、「全ての記数法は十進法」です。ただし、「10」の意味は指の数を意味していてそれぞれの知的生命体で異なります。したがって、我々の十進法目線から見た六進法の「10」は 6 で、彼らは 6 個ずつ束にする習性を持っています。よって、3269 という数を 6 進法にするには、先ほどの、

$$3269 \div 10 = 326 \cdots 9$$
$$326 \div 10 = 32 \cdots 6$$
$$32 \div 10 = 3 \cdots 2$$
$$3 \div 10 = 0 \cdots 3$$

この式の割る数「10」を彼らの「10」である 6 に変えてやればいいのです。なぜなら、彼らの表す数字は 6 個（$= 10_{(6)}$ 個）ずつ束にして束にならなかった数字を下の位から順に並べているだけですから。

120

$$3269 \div 6 = 544 \cdots 5$$
$$544 \div 6 = 90 \cdots 4$$
$$90 \div 6 = 15 \cdots 0$$
$$15 \div 6 = 2 \cdots 3$$
$$2 \div 6 = 0 \cdots 2$$

ちゃんと、$3269_{(10)} = 23045_{(6)}$ となりました。

二進数が合理的な理由

　N進法のなかでも、二進法はなぜ合理的なのか。それについては、次の問題を考えてみてください。1000本の瓶に液体が入っていて、そのうちの1本だけに毒が仕込まれていることがわかっています。その毒液はラットに1滴飲ませると、±2分の幅はあるものの、20時間で死ぬことがわかっています。24時間以内に1本の毒入り瓶を特定しなければならないとき、できるだけ用意するラットを少なくするにはどうしたらよいでしょうか？

　ラットが死亡するまでの時間が寸分違わず20時間きっかりなら、ラットは1匹で済みます。1000本の瓶から1滴ずつ等間隔に時間を置いてラットに飲ませていけば、ラットが死亡した時間からどの瓶が毒入りなのか特定できるからです。しかし、反応時間に幅があるのでこの方法はできません。

　最も簡単な方法として、ラットを1000匹用意して1つの

第5章　なぜ二進法が使われるのか？　　121

瓶につき1匹を対応させて検査すれば、容易に毒入り瓶を判定できます。ただ、この方法でも、少しでもラットを少なくしようと思えば999匹で済みます。999匹にそれぞれの瓶から1滴ずつ飲ませても、20時間2分後に全てのラットが生きていたならば、飲ませなかった1本の瓶が毒入りとわかるからです。この方法はこのあと説明する記数法的考えで言えば「千進法」に相当します。

いちばん慣れ親しんだやり方

次に、慣れ親しんだ十進法を基にした方法なら、ラットは27匹で済みます。まず、ラットに1〜9の数字を記したものを3グループ用意して、各グループを一の位、十の位、百の位とします。1000本の瓶に通し番号を記し、1番の瓶は「一の位の1」のラットに、2番の瓶は「一の位の2」のラットに1滴飲ませていきます。2桁の番号に行くと、37番の瓶は「十の位の3」のラットと「一の位の7」のラットに1滴飲ませます。そして3桁に行くと、205番の瓶は「百の位の2」のラットに1滴、十の位はどのラットにも飲ませず、「一の位の5」のラットに1滴飲ませます。

このようにすると、20時間後には毒入り瓶の番号が特定できます。例えば「百の位の2」のラットと「一の位の5」のラットが死んだ場合、205番の瓶が毒入りだということがわかります。

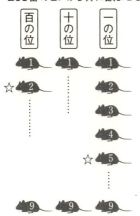

全てのラットが生きていれば、1000番の瓶が毒入りということになります。

九進法、八進法……でやるとこうなる

ではこれを九進法でやったらどうなるでしょうか。十進法と違い、九進法なら各位に用意する数字は 1〜8 の 8 つで済みます。位取りは何進法であろうと、その世界に住む人にとっては、1、10、10^2、10^3、10^4……ですが、十進法にどっぷりつかっている人間にわかりやすく九進法の位取りを表記すれば、$1(=9^0)$、9^1、$9^2(=81)$、$9^3(=729)$……となります。つまり、1 の位、9 の位、81 の位、729 の位があるということです。

また十進法の 1000 は、九進法では、

第 5 章　なぜ二進法が使われるのか？　　123

$$1 \times 9^3 + 3 \times 9^2 + 3 \times 9 + 1 = 1331_{(9)}$$

となります。そのため $1331_{(9)}$ まで数えるためには、1の位、9の位、81の位は各8匹、そして729の位も1匹用意しなければなりません。したがって、九進法では、$8 \times 3 + 1 = 25$ 匹のラットが必要になります。十進法より2匹節約できました。

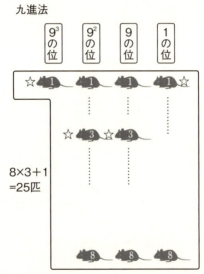

1000本目のビンからは $1331_{(9)}$ に飲ませて
☆の4匹が死ねば $1331_{(9)}$ が毒入りビン

同様に八進法なら、$1000 = 8^3 \times 1 + 8^2 \times 7 + 8 \times 5 = 1750_{(8)}$。必要なラットの数は、各位に7匹と$8^3$の位に1匹で、$7 \times 3 + 1 = 22$匹。

七進法なら、$1000 = 7^3 \times 2 + 7^2 \times 6 + 7 \times 2 + 6 = 2626_{(7)}$なので、各位に6匹と$7^3$の位に2匹で、$6 \times 3 + 2 = 20$匹。

以下、同様に計算します。

【六進法の場合】

$$1000 = 6^3 \times 4 + 6^2 \times 3 + 6 \times 4 + 4$$

$$= 4344_{(6)}$$

$$5 \times 3 + 4 = 19 \text{匹}$$

【五進法の場合】

ここからは桁数が増えていきます。

$$1000 = 5^4 \times 1 + 5^3 \times 3$$

$$= 13000_{(5)}$$

$$4 \times 4 + 1 = 17 \text{匹}$$

【四進法の場合】

$$1000 = 4^4 \times 3 + 4^3 \times 3 + 4^2 \times 2 + 4 \times 2$$

$$= 33220_{(4)}$$

$$3 \times 5 = 15 \text{匹}$$

【三進法の場合】

$$1000 = 3^6 \times 1 + 3^5 \times 1 + 3^4 \times 0$$
$$+ 3^3 \times 1 + 3^2 \times 0 + 3 \times 0 + 1$$
$$= 1101001_{(3)}$$

$$2 \times 6 + 1 = 13 \, 匹$$

二進法なら 10 匹で済む！

そして二進法ではどうなるでしょうか。各位に必要なラットは 1 匹で、

$$1000 = 2^9 \times 1 + 2^8 \times 1 + 2^7 \times 1$$
$$+ 2^6 \times 1 + 2^5 \times 1 + 2^3 \times 1$$
$$= 1111101000_{(2)}$$

です。これを表すには、$2^0 \sim 2^9$ の位までの 10 桁なのでラットは 10 匹で事足りてしまうのです。

もちろんこれは二進法が「合理的」である一例に過ぎません。では、二進法が合理的である本質は何かというと、各位に用いられる数字が 0 を除くと数字がたった 1 つだけ（単数）であることです。二進法では 0 以外の数字は 1 しかありません。一方、その他の記数法では、0 以外の数字が「複数」あります。もちろん「単数」であるのは二進法だけで、そこに二進法が合理的である根拠があります。つまり、各位の数字を認識させるのに「ON」か「OFF」だけでいいのが便利なのです。二進法以外では、「OFF」が 0 なのはいいと

して、「ON」に段階をつけなければ数字を網羅的に表せないのが不便なのです。

例えば、両手の指だけで相手に数字を伝達するのに、二進法を使えば、十進法でいう 0〜1023 の全ての整数を正確に伝えられます。指を折った状態を 0、延ばした状態を 1 としてみましょう。下図の状態なら、

$$1100101101_{(2)} = 813$$

となります。では、他の進法ではどうでしょうか。1 本の指を 10 段階で折り曲げられる人はおそらくいないでしょう。3 段階ぐらいなら指によっては折り曲げられるかもしれません。もしも全ての指で「全折り」「ちょい折り」「折らない」の区別がつけられるなら、両手で、

$$0〜3^{10} - 1 \ (= 59048)$$

までの数字を表現できます。とはいえ、全ての指で相手に正確に伝わるように 3 段階で折り曲げるのは難しいでしょう。

第5章 なぜ二進法が使われるのか？

二進法のさらに合理的な使い方

　小学校2年生で「丸暗記」させられる九九というのは、1桁同士の掛け算の答えさえ覚えておけば、あとは筆算で何桁同士の掛け算でもできるというものです。「いんいちがいち、いんにがに、……くはしちじゅうに、くくはちじゅういち」とリズミカルに81個全て暗記させられますが、賢い子は81個全部覚える必要がないことに気づき暗記労力の節約をしています。

　どういうことかというと、まず「×1」は意味がないので、1の段と各段の最初は暗記が不要です。そして、掛け算には交換法則があり、順序は逆でも答えは同じなので、言いやすい方だけ覚えればこれも余計な暗記は不要です。賢い子はこれに気づいているのです。すなわち、覚えるべき九九の個数は、2〜9から2つ選ぶ組み合わせと、2〜9の平方なので、$_8C_2 + 8 = 36$ 通り だけなのです。

　ではN進法の世界での九九（例えば六進法なら五五とすべきでしょうが、これ以降「九九」を1桁同士の掛け算の暗記という意味で使います）の暗記量はどうなるでしょうか。当然のことながら、Nの値が小さくなればなるほど暗記量は減っていきます。

　例えば六進法の九九（五五）は次の表のようになり、覚えるべき量は網掛けの10個となります。

	1	2	3	4	5
1	1	2	3	4	5
2	2	4	10	12	14
3	3	10	13	20	23
4	4	12	20	24	32
5	5	14	23	32	41

六進法の九九の表

　三進法の九九（二二）は、全部書いてもたったの4つで、覚えなければいけないのは「ににんがじゅういち」の1つだけです。

	1	2
1	1	2
2	2	11

三進法の九九の表

　そして、二進法でついに暗記必要量は0になってしまうのです。どうですか？　二進法って「合理的」ですよね。

　ただ、いくら合理的だからといって、日常的に使われる数字が十進法から二進法に取って代わることはないでしょう。

第5章　なぜ二進法が使われるのか？　　129

1000円が1111101000円と表記されたら、最初は「高い！」と感じるでしょうが、それはすぐに慣れます。しかし、絶対に慣れないのが桁数の多さです。パッと見ただけで人間の脳が即座に認識できるのは、せいぜい6桁程度でしょう。なので、日常で頻繁に使われる数字のほとんどが10桁以上ではとても「合理的」とは言えないのです。

　だから二進法は、桁数が多いことを全く気にしないコンピュータの世界だけで使われているのです。すっかり日常生活に定着しているQRコードも、あれって単に1と0が羅列してある二進法の数字です。

　ボイジャー1号に積まれたメッセージに二進法が使われているのは、拾い上げる知的生命体の指が何本かわからないからです。その知的生命体も、文明の発達段階の初期には「十進法」を使うでしょう（もちろんここでの「十」はその知的生命体の指の数です）。しかし、宇宙を漂う（といっても秒速17km！）ボイジャー1号を捕獲するほどに高度な文明が発達しているのならば、人類がそうであったように、いずれは二進法に辿り着くはず。そう考えたから、二進法でメッセージが書かれているのでしょう。

二進法を利用すれば合法的に不正もできる？

　民主主義を担保するためには、投票の秘密が保障されている必要があります。独裁国家では選挙の真似事をやっているふりがよくあり、投票の秘密が保障されていません。そのため、独裁者以外の名前を投票用紙に記入すると恐ろしい目に遭わされるのではないかという恐怖で、独裁者の得票率が

90％を超えることもあります。

　幸いにして日本では投票の秘密が保障されていますが、実は二進法を使えば、合法的に候補者への忠誠度を測ることが可能です。

　ここからは架空のお話。将来首相の座を目指す有力国会議員の鈴木貫太郎には30人の腹心の部下がいて、それぞれが強力な集票能力を持っています。そこで、鈴木貫太郎は部下にこう呼びかけました。

　「君たちがどれだけ票を集められるか、その数の多い順に重要なポジションを与える。誰がどれだけ票を集めたかを知るため、君たちに1～30の番号を与える。そして、それぞれが投票を依頼した人に、投票用紙には『鈴木貫太郎』の後にそれぞれの与えられた番号を書くように依頼したまえ」

　それを聞くとすかさず1人の部下が、「先生！ 投票用紙に候補者名以外の文字を記入すると他事記載で無効票になってしまいます」と忠告しました。

　すると、ある優秀な部下が言いました。「大丈夫です。候補者名を書くだけで1番から30番まで識別できる方法があります。私は番号が1番なので、私が投票を依頼した有権者には、『鈴木貫太郎』の『郎』の字だけをひらがなにし、『鈴木貫太ろう』と記入するように依頼します。そして2番は『太』の文字だけをひらがなにし『鈴木貫た郎』、3番は『太郎』をひらがなにし『鈴木貫たろう』、4番は『貫』の字だけをひらがなにし『鈴木かん太郎』……としていくのです」

第5章　なぜ二進法が使われるのか？　　131

「そんなので 30 通りも識別できるのか？」

「はい、これは二進法で漢字は 0、ひらがなは 1 を表します。すると鈴木貫太郎は 5 文字なので、二進法で 5 桁、すなわち、0 から 31 までの数字を表現することが可能です。ただ、全部漢字（0000 ＝ 0）や全部ひらがな（$11111_{(2)} = 31_{(10)}$）で書く人は一般に多くいるはずなので、それを除外すると、1 から 30 までのちょうど 30 の番号を候補者名だけを書くことで識別できることになります」

　こんなのは馬鹿げた架空の話でほとんど実用性はありませんが、このような発想は、仕組みや本質を理解していればこそ生まれてくるもので、「やり方」だけを覚えた人には思い付かないアイデアでしょう。「なぜ、どうして」と本質を考えることは、やがて QR コードのような有用で生活を便利にする発明につながっていくのではないでしょうか。

第 2 部

▼

なぜか不思議な数学

第 **1** 章

ふしぎな数「e」

資産が２倍になる「72 の法則」

　ある日の日経新聞に次のような記事がありました。

『日本経済は今や世界の 4 ％強のシェアしかない。世界経済が「15 年ごとに倍増」のペースで成長を続けてきた中で、日本がほとんど成長しなかった』

　この記事を読んで私が真っ先に思ったことは、「へー、世界経済は今でも年 4.8 ％も成長しているのか」でした。なぜ、この記事からすぐに暗算で世界の年間経済成長率がわかったのでしょうか。

　この記事の情報から世界の年間経済成長率を出すには、次のような方程式を解かなければなりません。

$$(1 + x)^{15} = 2$$

　もちろん実数解は $x = \sqrt[15]{2} - 1$ ですが、その近似値は、

$$x = 0.04729412 \cdots \fallingdotseq 4.729 \text{ ％}$$

です。この値は、たとえ対数表があったとしても、紙と鉛筆だけで出すのは容易ではありません。それなのになぜ 4.8 ％というかなり近い数字が出せたのかというと、

$$72 \div 15 = 24 \div 5$$
$$= 48 \div 10$$
$$= 4.8$$

第 1 章　ふしぎな数「e」　　　135

をしただけなのです。このように、「年間○%の成長を何年続けたら2倍になるか」とか、「金利が年○%なら資産が2倍になるのに何年かかるのか」、また、成長や資産ばかりでなく「インフレが年率○%で何年続くと物価が2倍（すなわちお金の価値が半分）になるか」といった計算には、指数方程式を解く必要があります。例えば、金利が年5%の場合、資産が2倍になるのにかかる年数は、

$$1.05^x = 2$$

という方程式を解くことで得られます。しかし、これを解くのは手計算ではものすごく大変です。この面倒な方程式の解を、簡単な割り算でそこそこ真の値に近い値を出してしまおうというのが「72の法則」です。これは、72を年利で割れば2倍になるまでの年数、年数で割れば2倍になるのに必要な年利がわかるというものです。すなわち、年利5%なら、

$$72 \div 5 = 14.4$$

で、14年とちょっとだと概算できてしまうのです。実際にちゃんとした指数方程式で解いてみると、

$$1.05^x = 2$$
$$x = 14.206699\cdots$$

と、かなりいい線をいっています。他の数値では以下の通りです。

【1%の場合】 $72 \div 1 = 72$ 年後には、

$(1.01)^{72} = 2.0470 \cdots$ 倍になる。

正式な方程式を解くと、$1.01^x = 2$

2 倍になるのは、$x = 69.660 \cdots$ 年後

【2%の場合】 $72 \div 2 = 36$ 年

$(1.02)^{36} = 2.0398 \cdots$

$1.02^x = 2$

$x = 35.002 \cdots$ 年

【3%の場合】 $72 \div 3 = 24$ 年

$(1.03)^{24} = 2.0327 \cdots$

$1.03^x = 2$

$x = 23.449 \cdots$ 年

【4%の場合】 $72 \div 4 = 18$ 年

$(1.04)^{18} = 2.0258 \cdots$

$1.04^x = 2$

$x = 17.672 \cdots$ 年

【5%の場合】 $72 \div 5 = 14.4$ 年

$(1.05)^{14.4} = 2.0189 \cdots$

$1.05^x = 2$

$x = 14.206 \cdots$ 年

【6%の場合】 $72 \div 6 = 12$ 年

$(1.06)^{12} = 2.0121 \cdots$

第1章　ふしぎな数「e」

$$1.06^x = 2$$

$$x = 11.895\cdots 年$$

【7%の場合】 $72 \div 7 = 10.2857\cdots 年$

$$(1.07)^{10.2857\cdots} = 2.0055\cdots$$

$$1.07^x = 2$$

$$x = 10.244\cdots 年$$

【8%の場合】 $72 \div 8 = 9$ 年

$$(1.08)^9 = 1.9990\cdots$$

$$1.08^x = 2$$

$$x = 9.006\cdots 年$$

【9%の場合】 $72 \div 9 = 8$ 年

$$(1.09)^8 = 1.9925\cdots$$

$$1.09^x = 2$$

$$x = 8.043\cdots 年$$

【10%の場合】 $72 \div 10 = 7.2$ 年

$$(1.1)^{7.2} = 1.9862\cdots$$

$$1.1^x = 2$$

$$x = 7.272\cdots 年$$

【12%の場合】 $72 \div 12 = 6$ 年

$$(1.12)^6 = 1.9738\cdots$$

$$1.12^x = 2$$

$$x = 6.116\cdots 年$$

【18%の場合】 $72 \div 18 = 4$ 年

$$(1.18)^4 = 1.9387 \cdots$$

$$1.18^x = 2$$

$$x = 4.187 \cdots 年$$

【20%の場合】 $72 \div 20 = 3.6$ 年

$$(1.2)^{3.6} = 1.9277 \cdots$$

$$1.2^x = 2$$

$$x = 3.801 \cdots 年$$

【36%の場合】 $72 \div 36 = 2$ 年

$$(1.36)^2 = 1.8496$$

$$1.36^x = 2$$

$$x = 2.254 \cdots 年$$

【72%の場合】 $72 \div 72 = 1$ 年

$$(1.72)^1 = 1.72$$

$$1.72^x = 2$$

$$x = 1.278 \cdots 年$$

【100%の場合】 $72 \div 100 = 0.72$ 年

$$(2)^{0.72} = 1.6471 \cdots$$

$$2^x = 2$$

$$x = 1 年$$

20％以下ではかなり真の値に近い値となりますが、それ以上だとちょっと使い物になりません。ただ、金利だけで言

第1章 ふしぎな数「e」 139

えば、20％を超えるような金利は利息制限法違反でありえない数字なので、現実的な金利においての簡単な概算としては便利な計算と言えるでしょう。

「しょせん近似値」？

しかし、いくら簡便とはいえしょせんは近似値に過ぎません。ちなみに上記の計算を、私は数百円程度で買えるスマホの電卓アプリで行いました。現代においてはスマホで瞬時に正確な値が出せるので、「72の法則」というのは電卓に四則演算程度の計算機能しかなかった昭和の遺物だと言ってしまえば、それまでです。ただ、だからといってこの「72の法則」を全く無意味なものと切り捨ててしまっていいのでしょうか。

便利な道具があれば簡単に解決できるとわかっているけれど、その道具がないときに、それがなければ不可能と諦めてしまうのか。それとも工夫して、完璧は無理でも8割程度でいいからなんとか解決するのか。どちらの姿勢が生きていく上で重要でしょうか。

ものすごく卑近な例で恐縮ですが、私はビールが大好きです。最近は缶ビールがほとんどで、瓶ビールは滅多に飲まないので家に栓抜きがありません。稀に貰い物でヨーロッパのクラフト瓶ビールなどというものが手に入った時、どうしてもそれが飲みたい私は、引き出しの取手などを利用して開けちゃいます。栓抜きがないから今日は飲むのはよそう、などといういい子にはなれないのです。

ということで、正確性には多少欠けるけれど指数方程式を解くよりははるかに手間のかからない「72の法則」は、どのような仕組みで編み出されたのでしょうか。

「72の法則」はこうして計算できる

金利が r ($= 100r$ %) のときに、資産が2倍になるまでの年数を n 年とおくと、n の指数方程式は次のようになります。

$$(1+r)^n = 2$$

これを解くために、両辺に底が e の自然対数をとります（底は1以外の正の数であればいくつでもいいのになぜ e を選んだかは後で説明します）。

$$\log_e(1+r)^n = \log_e 2$$
$$n \log_e(1+r) = \log_e 2$$
$$n = \frac{\log_e 2}{\log_e(1+r)}$$

ここで、$\log_e 2$ は定数なので、$\log_e 2 = 0.693147\cdots$ と覚えていればいいのですが、$\log_e(1+r)$（例えば3%なら $\log_e 1.03 = 0.02955\cdots$）を四則演算しかできない電卓で求めるのは容易なことではありません。

そこで、$\log_e(1+r)$ を何か計算が楽なものに変えられないかと考えます。$y = \log_e(1+x)$ のグラフを書いてみると、次の図のようになります。

第1章　ふしぎな数「e」　　141

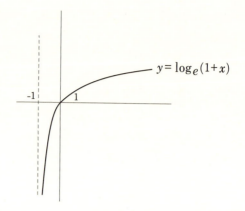

　ここで、金利というのは高くてもせいぜい 10 ％ $(= 0.1)$ 程度なので、$x = 0 \sim 0.1$ 付近でこのグラフに近似できる直線の式を考えます。それには $y = \log_e (1 + x)$ の原点における接線が最適でしょう。

　接線の傾きを求めるのには微分が必要ですが、対数関数を微分するには、底が e であると下記のようなシンプルな分数式となり（理由は後述）、都合がいいのです。

$y = f(x) = \log_e (1 + x)$ とおくと、

$$y' = f'(x) = \frac{1}{1 + x}$$

したがって、原点 $(0,0)$ における接線の傾きは、

$$f'(0) = 1$$

（このシンプルでとても都合のいい値も底を e にしたおかげ）

よって、$y = f(x) = \log_e(1+x)$ の原点における接線の方程式は、原点を通る傾き 1 の直線なので、$y = x$ となり、下図のようになります。

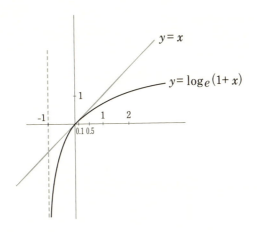

$x = 0 \sim 0.1$ 付近では $\log_e(1+x) \fallingdotseq x$ と考えてよさそうです。そこで、

$$n = \frac{\log_e 2}{\log_e(1+r)} \fallingdotseq \frac{\log_e 2}{r} = \frac{0.693147\cdots}{r} \fallingdotseq \frac{69.3}{100r}$$

と概算できます。

ただ、実際には $\log_e(1+x) < x$ なので、割る数（分母）が真の値より少し大きい、すなわち、答えが真の値より少し小さくなってしまいます。そこで、定数である割られる数（分子）を少し大きくすることによって補正します。69.3 を

少し大きくして、70、71、72、73……いくつがいいでしょうか？

　実はどれでもそんなに大差はありません。となれば、割り算をするのに都合のいい数、すなわち約数の多い数として72 が選ばれたのです。

【解説】 e （ネイピア数）とは

　この 72 の法則で登場した「e」とは一体何者なのでしょうか。e は日本の高校数学においては、数学Ⅲで初めて習う概念です。数学Ⅱまでしか履修しない人にとっては何のことかわからないでしょうし、数学Ⅲを履修した人にとっても最初はとっつきにくい存在で、結局よくわからないまま卒業してしまった人も多いと思います。そこで、e とは一体なんなのかを説明します。

　数学においてはまず定義を明確に示し、そこから論理的に定理や公式を導いていきます。例えば、「平行四辺形とは 2 組の対辺がそれぞれ平行な四角形である」という定義から次の 3 つ（他にもあります）の定理が導かれます。

① 「2 組の対辺の長さはそれぞれ等しい」
② 「2 組の対角はそれぞれ等しい」
③ 「対角線がそれぞれの中点で交わる」

　証明はどれも三角形の合同を示すだけの簡単なものです。ただ、この平行四辺形の定義と定理の関係は入れ替えが可能です。

例えば ① の「2 組の対辺の長さはそれぞれ等しい」の部分を平行四辺形の定義とすれば（この定義なら「等対辺四辺形」とでも言うべきかもしれません）、「2 組の対辺がそれぞれ平行」という定義だった部分、及び ② ③ が定理として導かれます。

以下、② か ③ を定義にした場合も同様です。ただ、入れ替え可能だからといって平行四辺形の定義を ① ② ③ のいずれかにするのはあまり一般的ではありません。一方、これから説明する e においては、歴史的に別方向からアプローチしたら同じ数であることがわかったという経緯があり、どれを定義とするかは人それぞれです。

e における 4 つの事実

e には次の 4 つの事実があります（他にもあります）。

① 指数関数 $y = f(x) = e^x$ の $(0, 1)$ における接線の傾きが 1 である

② 指数関数 $y = f(x) = e^x$ を微分すると、導関数が元の関数と同じになる。すなわち、$y' = f'(x) = e^x$

③ $e = \lim_{h \to 0}(1+h)^{\frac{1}{h}}$ または、$e = \lim_{n \to \infty}(1+\frac{1}{n})^n$ である（くだけて言うと、e とは「1 + ほんのちょっと」の無限乗ということです）。

④ e を底、x を真数とした対数関数を微分すると、導関数が $\dfrac{1}{x}$ になる。すなわち、

第 1 章 ふしぎな数「e」　　145

$$y = f(x) = \log_e x$$

$$y' = f'(x) = \frac{1}{x}$$

（底が e 以外ではこんなにすっきりした形にはならない）

　e に関するこの 4 つの事実は、どれか 1 つを定義とすると他の 3 つが定理として導かれる関係になっています。これは、平行四辺形における定義と定理の関係と同様です。それにもかかわらず、多くの人がこの 4 つのつながりを理解せずに、バラバラの単なる暗記事項と捉えてしまっています。そのせいで、e というものがなんだかよくわからない、とっつきにくいものとなってしまっているのではないでしょうか。

「4 つの事実」はつながっている

　では、この 4 つの事実を結びつけていきましょう。その際に微分が頻繁に出てくるので、まずは微分の定義を簡略化して確認しておきます。

　2 点を通る直線の傾きを変化の割合といいます。

$$\text{変化の割合} = \frac{y \text{ の増加量}}{x \text{ の増加量}}$$

　したがって、ある関数 $f(x)$ 上の 2 点 $(a, f(a))$, $(b, f(b))$ における変化の割合は、

$$\frac{f(b) - f(a)}{b - a}$$

となります。ここで、a と b の差を限りなく 0 に近づけていけば、瞬間における変化の割合、すなわち接線の傾きが出るというのが微分の考え方です。

$$f'(x) = \lim_{h \to 0} \frac{f(x+h) - f(x)}{h}$$

ではこれをふまえて、さきほどの ①（$y = f(x) = e^x$ の $(0,1)$ における接線の傾きが 1 である）を定義として、② の定理（e^x を微分すると同じく e^x になる）を導いてみます。

微分の定義により、

$$f(x) = e^x$$
$$f'(x) = \lim_{h \to 0} \frac{e^{x+h} - e^x}{h}$$
$$= \lim_{h \to 0} \frac{e^x(e^h - 1)}{h}$$

$(0,1)$ における接線の傾きが 1 であるから、

$$f'(0) = \lim_{h \to 0} \frac{e^0(e^h - 1)}{h}$$
$$= \lim_{h \to 0} \frac{e^h - 1}{h} = 1 \cdots (ア)$$

ここで得られた（ア）という結論を、さきほど行った $f(x) = e^x$ を微分した式に代入すると、

第1章　ふしぎな数「e」　　147

$$f'(x) = \lim_{h \to 0} \frac{e^x(e^h - 1)}{h}$$
$$= e^x$$

これで、① から ② が示せました。

② を定義として ① を得るのは、この逆を辿っていけばいいので容易です。② は「$y = f(x) = e^x$ を微分すると、$y' = f'(x) = e^x$ になる」なので、$y = f(x) = e^x$ の $(0,1)$ における接線の傾きは、$f'(x) = e^x$ に $x = 0$ を代入して、$f'(0) = e^0 = 1$ となります。よって、① の「指数関数 $y = f(x) = e^x$ の $(0,1)$ における接線の傾きが 1 である」を導くことができます。

では次に、③ $\left(e = \lim_{h \to 0}(1 + h)^{\frac{1}{h}}\right)$ と ④ （$\log_e x$ を微分すると $\frac{1}{x}$ になる）の関係を考えてみます。まず、e を単なる正の定数として、$y = \log_e x$ という関数を微分してみます。

$$y' = \lim_{h \to 0} \frac{\log_e(x + h) - \log_e x}{h}$$
$$= \lim_{h \to 0} \frac{1}{h}\{\log_e(x + h) - \log_e x\}$$

対数の公式：$\log_c a - \log_c b = \log_c \dfrac{a}{b}$ を用いて、

$$= \lim_{h \to 0} \frac{1}{h} \log_e \frac{x + h}{x}$$

$$= \lim_{h \to 0} \frac{1}{h} \log_e \left(1 + \frac{h}{x} \right)$$

対数の公式：$a \log_c b = \log_c b^a$ を用いて、

$$= \lim_{h \to 0} \log_e (1 + \frac{h}{x})^{\frac{1}{h}}$$

ここで、$\frac{h}{x} = t$ と置きます。$h \to 0$ なら $t \to 0$、$h = xt$ なので、

$$= \lim_{t \to 0} \log_e (1 + t)^{\frac{1}{xt}}$$
$$= \lim_{t \to 0} \frac{1}{x} \log_e (1 + t)^{\frac{1}{t}}$$

すなわち、e を単なる正の定数としたときに

$$y = \log_e x$$
$$y' = \lim_{h \to 0} \frac{1}{x} \log_e (1 + t)^{\frac{1}{t}} \cdots (イ)$$

ということになります。ここで、③ の定義 $e = \lim_{h \to 0} (1 + h)^{\frac{1}{h}}$ を（イ）の式に用いると、次の図のようになるので、

$$y' = \lim_{t \to 0} \frac{1}{x} \log_e \underbrace{(1 + t)^{\frac{1}{t}}}_{\parallel \atop e}$$

第1章 ふしぎな数「e」　149

よって、

$$y' = \frac{1}{x} \log_e e$$
$$= \frac{1}{x}$$

これで、③ $\left(e = \lim_{h \to 0} (1 + h)^{\frac{1}{h}} \right)$ なら ④ （$\log_e x$ を微分すると $\frac{1}{x}$ になる）が言えました。

また、$\log_e x$ を微分した式である（イ）の式が $\frac{1}{x}$ となるならば、

$$\lim_{h \to 0} (1 + h)^{\frac{1}{h}} = e$$

であることが言えます。よって、④ なら ③ が示せました。

このように ① と ②、③ と ④ の行き来は容易なので、あとは ① か ② と ③ か ④ とがつながれば、どこを出発点（定義）としても他の3つ（定理）にたどり着けます。

① ② はいずれも、

$$\lim_{h \to 0} \frac{e^h - 1}{h} = 1 \cdots (\text{ア})$$

ということでした。そこで、$e^h - 1 = t$ と置くと、

$$e^h = 1 + t$$

150

$$h = \log_e (1 + t)$$

この場合、$h \to 0$ なら $t \to 0$ となります。この t に置き換えた数値を（ア）に代入すると、

$$\lim_{t \to 0} \frac{t}{\log_e(1+t)} = 1$$

逆数をとって、

$$\leftrightarrow \lim_{t \to 0} \frac{\log_e (1 + t)}{t} = 1$$

$$\leftrightarrow \lim_{t \to 0} \frac{1}{t} \log_e (1 + t) = 1$$

$$\leftrightarrow \lim_{t \to 0} \log_e (1 + t)^{\frac{1}{t}} = 1$$

対数の値が 1 となるのは、底と真数が等しいとき（$\log_a a = 1$）なので、下図のようになり、

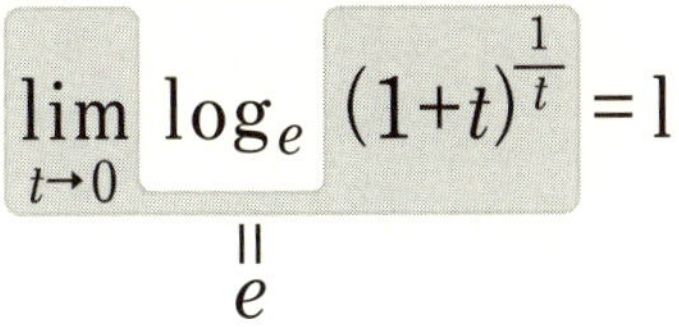

$$\lim_{t \to 0} \log_e \underset{\parallel \atop e}{(1+t)^{\frac{1}{t}}} = 1$$

よって、

$$\lim_{t \to 0}(1 + t)^{\frac{1}{t}} = e$$

これで、①、②のいずれかから③が示せました。

第1章　ふしぎな数「e」　　151

では、最後に、④（$\log_e x$ を微分すると $\dfrac{1}{x}$ になる）から ①（$y = e^x$ の $(0, 1)$ における接線の傾きが 1 である）を示します。

$$y = \log_e x$$
$$y' = \frac{1}{x}$$

なので、$y = \log_e x$ の $(1, 0)$ における接線の傾きは、微分した式に $x = 1$ を代入して、$\dfrac{1}{1} = 1$ となります。

また、$y = \log_e x \leftrightarrow x = e^y$ なので、$y = \log_e x$ の逆関数（のちほど解説します）は $y = e^x$ となります。逆関数のグラフは $y = x$ を対象の軸として、元の関数のグラフと線対象になります。つまり、下の図のようになるため、$y = e^x$ の $(0, 1)$ における接線の傾きが 1 であることがわかります。

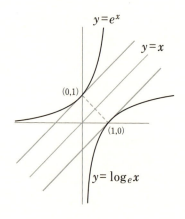

よって、④ から ① が示せました。

数学は「発明」？「発見」？

　ところで、この e という数は、少なくとも西暦 1600 年以前には全く存在していませんでした。我々が中学までに習う数学の内容は、アルキメデス、ピタゴラス、ユークリッド、エラトステネスなどの紀元前の偉人たちによってとっくに確立されていた一方で、e はそれから 2000 年近く遅れてベルヌーイやオイラーによって定義されました。これは発明なのでしょうか？　それとも発見なのでしょうか。

　発明というのは今まで存在しなかったものを作り出すこと。発見とは、存在はしていたがその存在が知られていなかったものを見つけ出すことです。では、数学における新たな知見は、そのどちらでしょうか。

　e や i が恐竜の化石のように地中に埋まっていたわけではないのは紛れもない事実でしょう。であるならば発明と考えるべきなのかもしれませんが、私は発見であると考えます。数学の体系は、人類がものを数えはじめた時には既に数学の神様によって一分の隙もなく確立されていて、負の数も、0も、π も、e も、i も、その既に確立された数学体系に初めから組み込まれており、数学の発展は偉大な数学者たちがそれらを「発見」してきた歴史なのではないでしょうか。もちろん異論はあるでしょう。皆さんはどのように考えますか。

第1章　ふしぎな数「e」　　153

【解説】逆関数とは

　逆関数とは、$y = f(x)$ を x について解いて、$x = g(y)$ とした式の x と y を入れ替えた関数のことです。すなわち、$y = f(x)$ を x について解いて $x = g(y)$ とし、x と y を入れ替え、$y = g(x)$ としたものを、$y = f(x)$ の逆関数と呼びます。$y = f(x)$ と $y = g(x)$ は、直線 $y = x$ に関して線対称となっているという特徴があります。

> **具体例**
>
> $y = 2x + 1$ の場合、
> $$y = 2x + 1$$
> $$\leftrightarrow 2x = y - 1$$
> $$\leftrightarrow x = \frac{1}{2}y - \frac{1}{2}$$

　したがって、$y = 2x + 1$ の逆関数は、$y = \frac{1}{2}x - \frac{1}{2}$

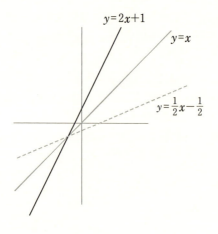

線対称になっていることの証明

点 $A(a,b)$ の、$y=x$ について対称な点の座標はどこになるかというと、x 座標と y 座標を入れ替えた点 $B(b,a)$ となります。

なぜなら、線対称なので $\triangle OAC \equiv \triangle OBC$

($\because$ OC 共通、 CA = CB、 $\angle OCA = \angle OCB = 90°$)

$\therefore$ OA = OB、 $\angle AOC = \angle BOC$

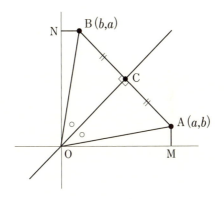

$\triangle OAM$ と $\triangle OBN$ において、

$$OA = OB、\angle AOM = 45° - \angle AOC、$$

$$\angle BON = 45° - \angle BOC$$

$$\therefore \angle AOM = \angle BON$$

$$\angle AMO = \angle BNO = 90°$$

直角三角形の斜辺と 1 鋭角が等しいので、

$$\triangle \text{OAM} \equiv \triangle \text{OBN}$$

$$\therefore \text{OM} = \text{ON}、\quad \text{AM} = \text{BN}$$

点 A の x 座標は $|\text{OM}|$ と同じ値で、点 B の y 座標は $|\text{ON}|$ と同じ値、点 A の y 座標は $|\text{AM}|$ と同じ値で、点 B の x 座標は $|\text{BN}|$ と同じ値なので、点 $\text{A}(a,b)$ を $y = x$ について線対称移動した点 B の座標は、点 $\text{A}(a,b)$ の x 座標と y 座標を入れ替えた点 $\text{B}(b,a)$ となります。

そこで、とある関数 $y = f(x)$ を x について解いて、$x = g(y)$ とします。すると、$y = f(x)$ 上の点の座標は、x 座標が a なら $(a, f(a))$、y 座標が b なら $(g(b), b)$ となります。

$y = f(x) \leftrightarrow x = g(y)$ 上の、y 座標が X である点 $\text{P}(g(X), X)$ の $y = x$ について対称な点を考えると、x 座標と y 座標を入れ替えた点 $(X, g(X))$ となり、これは関数 $y = g(x)$ 上にあることがわかります。

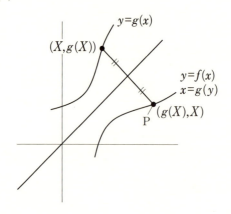

逆に、同様に考えると、関数 $y = g(x)$ 上の点を $y = x$ について対称に移動した点が、$y = f(x)$ 上にあることがわかります。

以上より、$y = f(x)$ と逆関数の $y = g(x)$ は、$y = x$ について線対称であることがわかりました。

第 **2** 章

直感に反する
確率

平均を平均してはいけない

「2地点を往復するのに、行きは時速4km、帰りは時速6kmで歩いたときの平均の速さは？」

この問題に「時速5km」と答えてしまう人が老若男女問わず多数います。これは誤りです。なぜ単純に $(4+6) \div 2 = 5$ ではいけないのでしょうか？

速さというのは、$\left(\dfrac{距離}{時間}\right)$ で求めることからわかるように、単位時間あたりに進む距離の「平均」なのです。複数の平均値からさらにそれらの平均を求めるときには、平均を取るときの分母（速さの場合は時間）の総量の違いを考慮に入れないとおかしなことになってしまいます。

多くの人が犯す「間違い」

わかりやすいテストの点数の例で考えてみましょう。全国一斉学力検査の平均点を、市町村ごとに算出することになりました。ある市には3つの中学校があり、A中学は少人数教育の私立中学で、B中、C中は普通の公立中学です。各中学の平均点が、それぞれ90点、80点、70点の時、その市の平均点を $(90+80+70) \div 3 = 80$ 点としていいでしょうか？　もちろんダメです。

もしも各中学校の生徒数が同じなら平均点は80点で構いませんが、各校の人数が違う場合、この平均点は各中学校の生徒数がわからなければ出しようがありません。もし各中学校の生徒数がそれぞれ40人、200人、400人だったなら

第2章　直感に反する確率　　159

どうでしょうか。計算しなくても感覚的に、平均点は 80 点よりだいぶ低いことがわかるでしょう。実際に計算すると、

$$\text{総平均} = \frac{\text{合計点}}{\text{総人数}} = \frac{90 \times 40 + 80 \times 200 + 70 \times 400}{40 + 200 + 400}$$
$$= 74.375$$

となります。速さの場合は時速 4 km と時速 6 km で同じ距離を歩いているので、時間は時速 4 km のときの方が多くかかります。テストの平均点は、単純に足して割っただけの 80 点より人数の多い方の値に寄っていきました。それと同じで、速さの場合も、単純に足して割った値の時速 5 km よりも、多く時間のかかっている方の値（時速 4 km）に寄っていきます。

　きちんと計算すると次のようになります。2 地点間の距離を a km とすると（この問題の場合、距離は関係ないので 12 km など計算しやすい値を設定した方が簡単ではある）、行きにかかった時間は $\frac{a}{4}$ 時間、帰りにかかった時間は $\frac{a}{6}$ 時間、片道 a km。往復は $2a$ km なので、往復の平均の速さは、

$$\text{距離} \div \text{時間} = 2a \div \left(\frac{a}{4} + \frac{a}{6} \right)$$
$$= 2a \div \frac{3a + 2a}{12}$$
$$= 2a \times \frac{12}{5a}$$

$$= 4.8\,\text{km/時}$$

　この「平均の平均」を出すときには気をつけなければいけないということが、医大の入試で出題されました（2023 年兵庫医科大学）。問題は以下の通りです。

問題

　次の文章は、『貯蓄額や所得の多い少ないは「学歴」と関係あるのか？』という記事 (*) からの抜粋である。

　表は厚生労働省の令和元年国民生活基礎調査から、学歴ごとの平均所得金額（15 歳以上の雇用者 1 人あたり）をまとめたものです。（中略）

	小学・中学卒業	高校・旧制中卒	専門学校・短大・高専卒業	大学・大学院卒業
総数	245.2万円	303.5万円	278.6万円	487.4万円
男性	300.8万円	404.6万円	409.0万円	584.6万円
女性	160.5万円	186.1万円	216.6万円	291.5万円

　男性・女性ともに専門学校・短大・高専卒の方が所得金額が多いのに、総数となると高校・旧制中卒の方が多いのは統計上の謎です。

(*) All About マネー "貯蓄額や所得の多い少ないは学歴と関係あるのか？"

（問い）男性の所得金額も女性の所得金額もとも

に、専門学校・短大・高専卒業の方が、高校・旧制中卒より多いのに、総数（男性＋女性）では、逆転した結果になっている。これはどうしてか、説明しなさい。

医学では統計データを正しく読み取ることがとても重要であることを鑑みての出題なのかもしれませんが、それよりもきっと、出題者はこの記事の文章が気になってしょうがなかったのではないでしょうか。

「男性・女性ともに専門学校・短大・高専卒の方が所得金額が多いのに、総数となると高校・旧制中卒の方が多いのは統計上の謎です。」

この文章はマネー系の記事からの抜粋です。投資においても統計データの分析がとても重要なのは言うまでもありません。しかし、そんな統計データの分析が重要視されるマネー系記事の執筆者が上記のような文章を書いているということは、医学を志す人の中にも、こんな初歩的なことすら理解していない人が少なからずいるのではないかという危惧があったのではないでしょうか。だからあえて、中学入試の算数レベルのことを問うてみたのではないでしょうか。

この文章は記事の一部分の抜粋なので、この文章の後に「実は謎でもなんでもなく、○○だからです」という文があったかもしれません。しかしそれなら「統計上の謎です」と言い切らずに、「総数となると高校・旧制中卒の方が多いのは」に続けてすぐに理由を書くでしょうから、この記事を書いた

人にとっては本当に謎のままだったような気がします。

一言で言えば「男女比の違い」

この問題の解答用紙のスペースがどの程度だったのかはわかりませんが、もしも狭いスペースしかなかったなら、答えは「母数の男女比が違うから」の一言です。先の例に挙げた中学校の平均点の問題を思い出してください。平均点の平均を市の平均点としていいのは、3つの中学の人数が同じ場合だけで、人数が違う場合は無意味な数字しか出てきません。それと同様に、男女比がどの学歴カテゴリーも1：1ならば総数での平均所得の逆転は起きませんが、男女比が1：1でなければ、人数比によってはどのような値も取りうるので、逆転が起きてもなんら不思議はないのです。

この問題では、表の値からそれぞれのカテゴリーの男女比を具体的な数字で出せるので、スペースに余裕があるならば数字を添えて解答する方がよりいいでしょう。

	高校・旧制中卒		専門・短大・高専	
総数	**303.5万円**		**278.6万円**	
男性	**404.6万円**	x 人	**409.0万円**	a 人
女性	**186.1万円**	y 人	**216.6万円**	b 人

男女比を求める方程式は、

$$404.6x + 186.1y = 303.5(x + y)$$

$$101.1x = 117.4y$$

第2章　直感に反する確率　　163

$$x : y = 117.4 : 101.1$$
$$= 1174 : 1011$$

$$409a + 216.6b = 278.6(a + b)$$
$$130.4a = 62b$$
$$a : b = 62 : 130.4$$
$$= 155 : 326$$

$x : y = 1174 : 1011$、$a : b = 155 : 326$ ならば人数は何人でもこの表の通りの値になります。男女比は、高校・旧制中卒がほぼ $1 : 1$、専門・短大・高専はほぼ $1 : 2$ となっているので、専門・短大・高専の総数は、女性の平均の方に近寄っているのです。

上記の値に近似して、計算しやすい単純な数のモデルでも考えてみましょう。人数の比さえ一定なら、具体的な人数は何人でも表の値は変わらず、逆転するのは不思議でもなんでもないことを確認してみてください。

【$x : y = 1 : 1$、$a : b = 1 : 2$ の場合】

	高校・旧制中卒	人数	専門・短大・高専	人数
総数	300万円		280万円	
男性	400万円	10人	420万円	1人
女性	200万円	10人	210万円	2人

$$300 \, 万円 = (400 \times 10 + 300 \times 10) \div 20$$

$$280 \,\text{万円} = (420 + 210 \times 2) \div 3$$

平均だけを見たら一瞬違和感を覚えるような数値も、人数比によっては簡単に作れます。

【$x:y=1:1$、$a:b=1:99$ の場合】

	高校・旧制中卒	人数	専門・短大・高専	人数
総数	300万円		267.8万円	
男性	400万円	10人	5000万円	1人
女性	200万円	10人	220万円	99人

$$300 \,\text{万円} = (400 \times 10 + 300 \times 10) \div 20$$

$$267.8 \,\text{万円} = (5000 + 220 \times 99) \div 100$$

なぜ直感は裏切られるのか？

人口の1％が感染していると推定されている、ある架空の感染症について考えてみましょう。潜伏期間が2週間程度と長く、発症していなくても人にうつす可能性があり、実効再生産数が1.2人であるといいます。実効再生産数とは、1人の感染者が何人にうつすのかの平均値です。すなわち、その値は等比数列の公比 r に相当し、$r>1$ なら無限に発散し、$r<1$ なら0に収束します（1より大きい数をかけつづければ無限に大きくなるし、1より小さい数をかけつづければ限りなく0に近づきますよね）。

そこで、なんとか実効再生産数を1未満にしようと、無症状の感染者を洗い出す検査を実施することにしました。この

第2章　直感に反する確率　　165

検査キットは、感染している陽性者を検査すれば99％の確率で陽性と判定しますが、1％の確率で誤って陰性と判定してしまいます。また、非感染者を検査したときには、2％の確率で誤って陽性反応を出してしまうといいます。

検査を受けたあなたが陽性と判定されたときに、あなたが本当に陽性である確率は何％でしょうか？　とりあえず計算せずに次の選択肢からおおよその値を選んでみてください。

(1) 80％以上
(2) 60％～80％
(3) 40％～60％
(4) 40％未満

直感の落とし穴

いかがでしょうか？　感染していた場合は99％陽性反応が出て、感染していないのに誤って陽性反応が出るのはたった2％なのだから（1）でも少ないくらいで90％以上なのではと考えませんでしたか？

確率というのは情報量で大きく変わってきます。情報が多ければ多いほど未来を予測する確度は上がっていきます。しかし、情報を正しく吟味しないと、折角の情報が無駄どころか、かえって不利な判断をしてしまうことにもなりかねません。

あなたがこの検査を受ける前に知り得ている情報は「感染者が人口の1％」であることと検査キットの性能だけです。その時点であなたが感染者である確率は、1％と判断するし

166

かありません。ところが、検査を受けて陽性反応が出た後なら、感染している確率がそれより上がるのは間違いありません。では一体何％と考えるのが妥当なのでしょうか。

10000n 人に検査を実施した場合（n は正数）、1 ％の人が感染しているので、感染者が 100n 人、非感染者が 9900n 人となります。

100n 人の感染者は検査を受ければ 99 ％陽性反応が出るので、① 「感染：検査陽性」は 99n 人、② 「感染：検査陰性」は 1n 人です。

非感染者は検査を受けると 2 ％の確率で誤って陽性反応が出てしまうので、③ 「非感染：検査陽性」は 9900$n \times 0.02 = 198n$ 人になり、④ 「非感染：検査陰性」は 9900$n - 198n = 9702n$ 人となります。

検査結果 感染の有無	陽性	陰性	合計
感染者	99n 人 ①	1n 人 ②	100n 人
非感染者	198n 人 ③	9702n 人 ④	9900n 人
合計	297n 人	9703n 人	10000n 人

検査を受ける前は、感染者である確率が 1 ％で非感染者である確率は 99 ％ですが、さらに細かく分ければ次のようになります。

第2章　直感に反する確率　　167

① 感染していて検査も陽性となる確率が 0.99 %
② 感染していて検査が陰性となる確率が 0.01 %
③ 感染していないが検査で陽性となる確率が 1.98 %
④ 感染していなくて検査も陰性となる確率が 97.02 %

　確率は新たな情報が入ってくると逐一変化していきます。例えば、10 本中 2 本の当たりが入ったくじを 10 人の人が順番に、引いたくじを戻さずに引く場合。「残り物には福がある」わけでも「先手必勝」なわけでもなく、10 人それぞれが当たりを引く確率は等しく $\frac{2}{10} = \frac{1}{5}$ です。例えば 2 番目の人、3 番目の人が当たりを引く確率は、

2 番目の人　　$\left(\frac{2}{10} \times \frac{1}{9} \right) + \left(\frac{8}{10} \times \frac{2}{9} \right) = \frac{18}{90} = \frac{1}{5}$

3 番目の人　　$\left(\frac{2}{10} \times \frac{8}{9} \times \frac{1}{8} \right) + \left(\frac{8}{10} \times \frac{2}{9} \times \frac{1}{8} \right)$

$+ \left(\frac{8}{10} \times \frac{7}{9} \times \frac{2}{8} \right) = \frac{1}{5}$

と、同じです。しかし、それはあくまでくじを引く前の確率です。実際にくじを引き始めたら、後の順番の人は前の人たちが外すことを祈るでしょう。願いが叶ってもしも 7 人連続して外したら、8 番の人が当たる確率は $\frac{2}{3}$ になります。つまり、すでにわかった情報を考慮することで確率は逐一変化するため、その情報を考慮して新たな確率を計算する必要があるのです。

　では、この場合はどのようになるでしょうか。検査を受け

る前のあなたは、① ② ③ ④ のいずれの可能性もあり、それぞれ確率が 0.99 %、0.01 %、1.98 %、97.02 % でした。ところが検査を受けた結果、② と ④ の可能性は排除されたので、あなたは ① 99n 人のうちの 1 人か、③ 198n 人のうちの 1 人かのどちらかに絞られたのです。したがって、あなたが実際に感染者である確率は、

$$\frac{99n}{99n + 198n} = \frac{99n}{297n} = 0.3333\cdots ≒ 33.3 \%$$

となります。

この式の分母分子には具体的な人数（99n 人や 198n 人）を用いて計算しましたが、確率のままで計算しても同じことになります。

$$\frac{0.99}{0.99 + 0.198} = \frac{0.99}{0.297} = 0.3333\cdots ≒ 33.3 \%$$

なぜ直感は間違ってしまったのか？

では、直感的には 80 % 以上、あるいはさらに多い 90 % 以上と思ってしまった原因はなんなのでしょうか。

感染者が人口の 1 % というのは公衆衛生的にはもしかしたら危機的に大きな数字かもしれませんが、単なる数字の比だけで考えるなら、感染者：非感染者 = 1 : 99 というのは極端に偏った数字です。ところが、この極端に偏った部分にはあまり意識を向けずに、陽性者を正しく陽性と判定する確率 99 %（高確率）、陰性者を誤って陽性と判定してしまう確率 2 %（低確率）だけに意識が向いてしまうから、実際の

第 2 章　直感に反する確率　　169

値より高い確率を想像してしまうのでしょう。

　もしも感染者と非感染者が50：50の同数で、検査性能が同じ（陽性者 → 陽性判定99％、陰性者 → 陽性判定2％）ならどうなるでしょうか。同様の表を作ってみます。

検査結果 感染の有無	陽性	陰性	合計
感染者	4950n人 ⑤	50n人 ⑥	5000n人
非感染者	100n人 ⑦	4900n人 ⑧	5000n人
合計	5050n人	4950n人	10000n人

　この場合、陽性判定されたあなたが実際に感染者である確率は、

$$\frac{4950n}{4950n + 100n} = \frac{4950n}{5050n} = 0.9801\cdots ≒ 98.0\%$$

となり、直感通りの値になります。これは感染者と非感染者の比を1：1にしたからです。母数の比が1：1でなく極端に偏りがあると、一瞬「あれっ？」と思うような数字が出てくるのは、兵庫医科大学の入試問題で触れた通りです。

「歪んでいる」から間違える

　では、得られた情報を正しく分析できるかを簡単なモデルで確認してみましょう。次の5つの問題を考えてみてください。

問題（1）

2個の玉が入った箱が3つあります。それぞれの箱に入っている玉の色は、白2個、白黒1個ずつ、黒2個です。あなたは3つの箱から1つの箱を選び、見ないで1つの玉を取り出したら白でした。続けてその箱から玉を1つ取り出す時、それが白である確率は？

|○○| → |○| ↗○
|○●| → |●|
|●●| ×

問題（2）

2個の玉が入った箱が4つあります。それぞれの箱に入っている玉の色は、白2個が1箱、白黒1個ずつが2箱、黒2個が1箱です。あなたは4つの箱から1つの箱を選び、見ないで1つの玉を取り出したら白でした。続けてその箱から玉を1つ取り出す時、それが白である確率は？

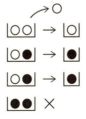

第2章 直感に反する確率

問題 (3)

3個の玉が入った箱が4つあります。それぞれの箱に入っている玉の色は、白3個、白2個黒1個、黒2個白1個、黒3個が各1箱ずつです。あなたは4つの箱から1つの箱を選び、見ないで1つの玉を取り出したら白でした。続けてその箱から玉を1つ取り出す時、それが白である確率は？

$$\nearrow \bigcirc$$

○○○	→	○○
●○○	→	●○
●●○	→	●●
●●●	×

問題 (4)

3個の玉が入った箱が8つあります。それぞれの箱に入っている玉の色と箱の数は、白3個が1箱、白2個黒1個が3箱、黒2個白1個が3箱、黒3個が1箱です。あなたは8つの箱から1つの箱を選び、見ないで1つの玉を取り出したら白でした。続けてその箱から玉を1つ取り出す時、それが白である確率は？

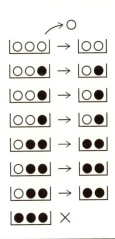

問題（5）

4個の玉が入った箱が5つあります。それぞれの箱に入っている玉の色は、白4個、白3個黒1個、白2個黒2個、白1個黒3個、黒4個が各1箱です。あなたは5つの箱から1つの箱を選び、見ないで2つの玉を取り出したら両方とも白でした。続けてその箱から玉を1つ取り出す時、それが白である確率は？

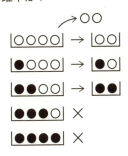

第2章 直感に反する確率 173

それぞれの問題の状況を図にしています。白が1個ないしは2個取り出されたという事実から、それぞれ×のついた箱は選ばれていないことが明白です。取り出された後は、各図の右のような状況になっていると考えられます。

ここで、多くの人が犯してしまう過ちが、右の状況を初期状態として、再びランダムに玉を1つ選び出すときに白が出る確率を求めてしまうことです。すなわち、(1) なら $\frac{1}{2}$、(2) は $\frac{1}{3}$、(3) は $\frac{1}{2}$、(4) は $\frac{5}{14}$、(5) は $\frac{1}{2}$ と答えてしまう人が多いのです。これは、折角の白が取り出されたという事実、(5) なら2回も連続で白が出たという有力な情報を考慮しないで計算してしまっています。

では、それぞれの答えを、① 条件付き確率で素直に計算する方法（全ての問題）、② 箱の数の特性に着目する方法（(2)、(4)）③ 1個目を取り出す前から戦略を練って2個目に選ぶ色を当てる確率を上げる方法（(1)、(3)）で考えてみます。

条件付き確率で計算する

条件付き確率とは、感染症の例のときに、

$$\frac{0.99(感染：陽性反応の確率)}{0.99(感染：陽性反応の確率) + 0.198(非感染：陽性反応の確率)}$$

$$= \frac{0.99}{0.297} \fallingdotseq 33.3\,\%$$

と計算したように、既に起こった状況が起きる確率の合計を

分母とし、想定する結果が起きる確率を分子として確率を求める考え方です。起こらなかった結果を排除して、既に起こった事柄だけで新たに確率を考えるということです。この考え方で、各問題を解いてみます。

解答（1）

$$A\ \boxed{\bigcirc\bigcirc} \rightarrow \boxed{\bigcirc}\ A'$$
$$B\ \boxed{\bigcirc\bullet} \rightarrow \boxed{\bullet}\ B'$$
$$\boxed{\bullet\bullet}\ \times$$

Aの箱が選ばれて、そこから白が出る確率は、

$$\frac{1}{3} \times \frac{2}{2} = \frac{2}{6}$$

Bの箱が選ばれて、そこから白が出る確率は、

$$\frac{1}{3} \times \frac{1}{2} = \frac{1}{6}$$

したがって、求める確率は、

$$\frac{\dfrac{2}{6}}{\dfrac{2}{6} + \dfrac{1}{6}} = \frac{\dfrac{2}{6}}{\dfrac{3}{6}} = \frac{2}{3}$$

となります。ですが、比を使うと楽に計算できます。

第2章　直感に反する確率　　175

A′、B′ の状態になる確率の比は、

$$A' : B' = \frac{2}{6} : \frac{1}{6} = 2 : 1$$

したがって、1つ目の玉が白だったときに、その箱の残りが白である確率は、

$$\frac{2}{2+1} = \frac{2}{3}$$

解答 (2)

A |○○| ×1 → |○| A′

B |○●| ×2 → |●| B′

|●●| ×

A タイプの箱が選ばれて、そこから白が出る確率は、

$$\frac{1}{4} \times \frac{2}{2} = \frac{2}{8}$$

B タイプの箱が選ばれて、そこから白が出る確率は、

$$\frac{2}{4} \times \frac{1}{2} = \frac{2}{8}$$

A′、B′ の状態になる確率の比は、

$$A' : B' = \frac{2}{8} : \frac{2}{8} = 1 : 1$$

したがって、1つ目の玉が白だったときに、その箱の残り
が白である確率は、

$$\frac{1}{1+1} = \frac{1}{2}$$

解答（3）

A $\boxed{○○○}$ → $\boxed{○○}$ A′
B $\boxed{○○●}$ → $\boxed{○●}$ B′
C $\boxed{○●●}$ → $\boxed{●●}$ C′
$\boxed{●●●}$ ×

A の箱が選ばれて、そこから白が出る確率は、

$$\frac{1}{4} \times \frac{3}{3} = \frac{3}{12}$$

B の箱が選ばれて、そこから白が出る確率は、

$$\frac{1}{4} \times \frac{2}{3} = \frac{2}{12}$$

C の箱が選ばれて、そこから白が出る確率は、

$$\frac{1}{4} \times \frac{1}{3} = \frac{1}{12}$$

A′、B′、C′ の状態になる確率の比は、

$$A' : B' : C' = \frac{3}{12} : \frac{2}{12} : \frac{1}{12} = 3 : 2 : 1$$

2個目に取り出す玉が白である確率は、A′から100%、B′から50%の合計なので、

$$\frac{3}{3+2+1} \times \frac{2}{2} + \frac{2}{3+2+1} \times \frac{1}{2} = \frac{3}{6} + \frac{1}{6} = \frac{4}{6} = \frac{2}{3}$$

解答（4）

A |○○○| ×1 → |○○| A′
B |○○●| ×3 → |○●| B′
C |○●●| ×3 → |●●| C′
 |●●●| ×

Aタイプの箱が選ばれて、そこから白が出る確率は、

$$\frac{1}{8} \times \frac{3}{3} = \frac{3}{24}$$

Bタイプの箱が選ばれて、そこから白が出る確率は、

$$\frac{3}{8} \times \frac{2}{3} = \frac{6}{24}$$

Cタイプの箱が選ばれて、そこから白が出る確率は、

$$\frac{3}{8} \times \frac{1}{3} = \frac{3}{24}$$

A′、B′、C′ の状態になる確率の比は、

$$A' : B' : C' = \frac{3}{24} : \frac{6}{24} : \frac{3}{24} = 1 : 2 : 1$$

2 個目に取り出す玉が白である確率は、A′ から 100 %、B′ から 50 %の合計なので、

$$\frac{1}{1+2+1} \times \frac{2}{2} + \frac{2}{1+2+1} \times \frac{1}{2} = \frac{1}{4} + \frac{1}{4} = \frac{2}{4} = \frac{1}{2}$$

解答（5）

A の箱が選ばれて、そこから 2 個連続で白が出る確率は、

$$\frac{1}{5} \times \frac{4}{4} \times \frac{3}{3} = \frac{12}{60}$$

第2章　直感に反する確率　　179

Bの箱が選ばれて、そこから2個連続で白が出る確率は、

$$\frac{1}{5} \times \frac{3}{4} \times \frac{2}{3} = \frac{6}{60}$$

Cの箱が選ばれて、そこから2個連続で白が出る確率は、

$$\frac{1}{5} \times \frac{2}{4} \times \frac{1}{3} = \frac{2}{60}$$

A′、B′、C′の状態になる確率の比は、

$$\mathrm{A}' : \mathrm{B}' : \mathrm{C}' = \frac{12}{60} : \frac{6}{60} : \frac{2}{60} = 6 : 3 : 1$$

$\frac{1}{2}$ という誤答は、本来は A′ という状況の方が C′ という状況より6倍も起こりやすいのに、同等と扱ってしまっているのが原因なのです。

したがって、2個とも白だったときにその箱から次に取り出した玉が白である確率は、A′ から100%の確率で白が出る確率と、B′ から $\frac{1}{2}$ の確率で白が出る確率の合計なので（C′ から選ばれる確率は0）、

$$\frac{6}{6+3+1} \times 1 + \frac{3}{6+3+1} \times \frac{1}{2} = \frac{15}{20} = \frac{3}{4}$$

以上が条件付き確率で求める方法です。

分母が「歪んでない」なら、簡単に計算できる

次に、箱の数の特性に着目することによって、(2) と (4) は計算なしで求めることができる方法を示してみます。と同時に、(1)、(3) で $\frac{1}{2}$ と考えてしまった人が、「箱の数の歪み」に気づいていないことも示してみます。

今まで紹介してきた直感に反する値の例は、すべて分母となる数に歪みがあるのが原因でした。たとえば往復の速さの平均を求めるとき、$(4+6) \div 2 = 5$ としてはいけないのは、往路と復路で分母となる時間が異なるからでした。これが時速 4 km で t 時間、時速 6 km で t 時間進んだときの平均の速さなら、$(4+6) \div 2 = 5$ で構いません。

兵庫医科大学の「男女の学歴別平均所得」の問題も、どの学歴でも男女比が 1 : 1 ならば、「逆転現象」は起きません。感染症の問題でも、感染者：非感染者 ＝ 1 : 99 と人数の比に偏りがあるために直感とは違う結果となり、50：50 なら直感通りの結果になりました。

では、この白黒の玉の問題はどうでしょうか。玉が 2 つの箱の場合 ((1) と (2))、玉が 3 個の箱の場合 ((3) と (4))、分母となる数に歪みがあるのはどれでしょうか。

そのためには、逆に歪みのない状況とは何かを考える必要があります。この場合の歪みのない状態とは、完全にランダムに白の玉、黒の玉を選んで箱をつくることで生まれます。コインを投げて表が出たら白、裏が出たら黒の玉を排出する装置から次々と玉を取り出して、2 個入りの箱と 3 個入り

の箱を大量に作ったとしましょう。このとき、（○○）、（○
●）、（●●）の箱の個数の割合、（○○○）、（○○●）、（○
●●）（●●●）の箱の個数の割合は、1：1：1や1：1：1：
1にはなりません。計算すると、それぞれ、

$$_2C_0 : _2C_1 : _2C_2 = 1 : 2 : 1$$
$$_3C_0 : _3C_1 : _3C_2 : _3C_3 = 1 : 3 : 3 : 1$$

になります（二項分布）。なので、(1) や (3) の、どの箱も
1つずつある状態というのは、一見平等のようですが実はそ
うではありません。白の玉と黒の玉を常に$\frac{1}{2}$の確率でラン
ダムに選んでいけば、「全部白」や「全部黒」となる箱ができ
る確率は、白と黒が混ざる箱ができる確率よりも低いです。
それなのに、箱の数が同数であるというのは、実は歪んだ状
態なのです（もちろん人為的にそう設定することには問題あ
りません）。

　では「歪んでいない」(2) や (4) の問題はどのように考
えればいいでしょうか。常に$\frac{1}{2}$の確率で、白か黒の玉が排
出されてきて、それを一列に並べて2個ずつになるように仕
切りを入れている、というのが (2) の状況、3個ずつになる
ように仕切りを入れているのが (4) の状況ということです。
あなたがたまたま、どこかに仕切りを入れた後、次に白の玉
が排出されていくのを見たからといって、その次に来る玉が
白であるか黒であるかは相変わらず$\frac{1}{2}$のままなのです。

同様に、(5) のように 4 個入りの箱を作る場合、箱の中の玉の組み合わせは、(白の個数，黒の個数) = (4,0)(3,1)(2,2)(1,3)(0,4) の 5 通りがあります。これらの箱の適正な割合は、

$$_4C_0 : {}_4C_1 : {}_4C_2 : {}_4C_3 : {}_4C_4 = 1 : 4 : 6 : 4 : 1$$

です。もしも箱の個数の割合がこうなっていれば、たとえ 2 個続けて白が出ても、次に白が出る確率はやはり $\frac{1}{2}$ なのです。条件付き確率で検証してみましょう。

$$\nearrow \bigcirc\bigcirc$$

A $[\bigcirc\bigcirc\bigcirc\bigcirc]$ 1ハコ　$[\bigcirc\bigcirc]$ A′

B $[\bullet\bigcirc\bigcirc\bigcirc]$ 4ハコ　$[\bullet\bigcirc]$ B′

C $[\bullet\bullet\bigcirc\bigcirc]$ 6ハコ　$[\bullet\bullet]$ C′

$[\bullet\bullet\bullet\bigcirc]$ 4ハコ

$[\bullet\bullet\bullet\bullet]$ 1ハコ

　A タイプの箱が選ばれて、そこから 2 個連続で白が出る確率は、

$$\frac{1}{16} \times \frac{4}{4} \times \frac{3}{3} = \frac{12}{192}$$

　B タイプの箱が選ばれて、そこから 2 個連続で白が出る確率は、

第2章　直感に反する確率　　　183

$$\frac{4}{16} \times \frac{3}{4} \times \frac{2}{3} = \frac{24}{192}$$

Cタイプの箱が選ばれて、そこから2個連続で白が出る確率は、

$$\frac{6}{16} \times \frac{2}{4} \times \frac{1}{3} = \frac{12}{192}$$

A′、B′、C′ の状態になる確率の比は、

$$A' : B' : C' = \frac{12}{192} : \frac{24}{192} : \frac{12}{192} = 1 : 2 : 1$$

3個目に取り出す玉が白である確率は、A′ から100%、B′ から50%の合計なので、

$$\frac{1}{1+2+1} \times 1 + \frac{2}{1+2+1} \times \frac{1}{2} = \frac{2}{4} = \frac{1}{2}$$

と予定通り $\frac{1}{2}$ になりました。

それでも納得できない人へ

（1）と（3）については、どうしても確率は $\frac{1}{2}$ であると言って納得しない人に数多く出会ってきました。比較的数学が得意な人が多いと推定される私のXのフォロワーにアンケートをとった際でさえ、（2）（4）にそれぞれ $\frac{1}{3}$、$\frac{5}{12}$ という誤答をする人が30%以上いました。

なぜ彼らは納得しないのでしょうか。原因の一つは、条件付き確率というのが、時間の流れに逆行して考えなければならないからでしょう。たとえばこの玉を取り出す問題では、白が出たという結果から時系列を逆行してその箱がどれであったかを考え、その確率に基づいて今度はその箱から何が取り出されるかという将来を予測しなければなりません。時間の流れを行ったり来たりさせて考えなければならないのです。それにもかかわらず、ついつい時間に順行して考えてしまい、

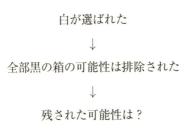

と、玉が取り出された後の状況（下図の右）を初期状態と考えてしまうから、間違えてしまうのです。

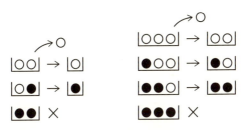

玉を取り出した後を初期状態と考えてはいけない

第2章　直感に反する確率　　185

確かに、時間の流れに逆行して考えるのは難しいかもしれません。そこで、時間の流れに逆らわず、確率を考える方法を説明します。

　この問題では、最初に箱の中にある玉の個数は、白も黒も同数になっています。したがって、取り出した玉の色を確認する前なら、それが何個目であろうが、白である確率も黒である確率も $\frac{1}{2}$ です（くじが、引く順番にかかわらず皆確率が等しいのと同じ話）。そこで、2個目の玉の色が白か黒かと考えるのではなく、2個目の玉が1個目と同じ色かどうかで考えるのです。

　元の問題文は「1個目に取り出した玉が白でした。ではその箱から次に取り出す玉が白である確率は？」というものでした。これを、1個目を取り出す前の初期状態から考えて、「2個目に取り出す玉の色が、1個目に取り出した玉の色と同じ色である確率は？」と変えても数学的な条件は変わらないということはおわかりいただけますか。

【元の問題】
　白が出た → 次も白の確率は？

【考え方を変えると】
　取り出す2個の玉が白白、または黒黒の確率は？

　このように変更しても数学的に条件が変わらないのは、白と黒の初期状態が完全に等しい（白と黒を入れ替えても元と同じ状態）からで、初期状態で白と黒に差があったらできません。この問題は、白と黒の個数が完全に等しい状態なの

186

で、もしも最初に黒が出たならそれを「白」と名付け、「次に黒という『白』い玉が出る確率は？」と考えれば、数学的には条件は同じです。

ではそのように、問題文を「2個目が1個目と同じ色である確率は？」と再設定して考えてみましょう。(1) に関しては答えは明白ですね。

同じ色が入った箱が2つ、白黒1個ずつ入った箱が1つあります。同じ色の玉が入った2つの箱を最初に選べば、2個目に取り出す玉が同じ色になる確率は100 %です。白黒1個ずつの箱を選んだ場合は、2個目が同じ色になる確率は0 %です。したがって、2個目が同じ色になる確率は $\dfrac{2}{3}$ となります。

(3) の場合はどうでしょうか。

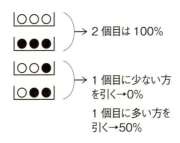

第2章　直感に反する確率　　187

全部が同じ色の箱を選べば、2個目は1個目と必ず同じ色になります（この時点で既に$\frac{1}{2}$）。どちらかの色の玉が2個入っている箱を選んだ場合は、① 最初に1個しかない方の色を取り出すと2個目は必ず違う色になり、② 最初に2個ある方の色を取り出すと2個目に同じ色が出る確率は$\frac{1}{2}$です。

したがって、2個目が1個目と同じ色になる確率は、

$$\frac{2}{4} + \frac{2}{4} \times \frac{2}{3} \times \frac{1}{2} = \frac{2}{3}$$

となります。

もちろんこの考え方は「歪み」のない (2) (4) でも通用します。

(2) は図の通り、一目瞭然です。

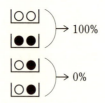

同じ色が2個連続で出る確率は、

$$\frac{2}{4} = \frac{1}{2}$$

(4) は下記の通りです。

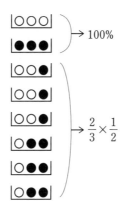

同じ色が 2 個連続で出る確率は、

$$\frac{2}{8} + \frac{6}{8} \times \frac{2}{3} \times \frac{1}{2} = \frac{1}{2}$$

このように、どんなに情報を多く取得しても、知り得た情報を正確に吟味せずに直感に頼ってしまうと、大きな損を被ってしまう可能性が高くなる場合があります。だから直感に頼らず、正しく計算して常により期待値の高い方を選択できる力があった方が、人生はうまくいく可能性が高くなるでしょう。とは言っても、低い確率の方を選んで結果的にそれが大成功ということもよくある話で、計算だけでは答えが出ないのも人生の面白いところではありますが。

では最後にもう 1 問。

第 2 章 直感に反する確率

もう1人は男か女か

問題

バツイチの男性Ａ氏。離婚経験者専用のマッチングアプリを通じて、子どもが2人いるという女性と直接会う約束を取り付けました。その際女性は、自分の子どもも連れて行っていいかと尋ねてきたので、Ａ氏は、いずれは家族になるかもしれないのだからと思い快諾しました。当日、女性は女の子を1人だけ連れてやってきました。Ａ氏が「もう1人のお子さんは？」と尋ねると次のように答えました。

【ケース1】

連れてきた子は6歳くらいで、女性の答えは、「もう1人は赤ちゃんで、出かける時によく寝ていたので、近所に住む両親に預けてきました」であった。

【ケース2】

連れてきた子は中学生くらいの女の子で、女性の答えは「もう1人は水泳の大会があってそっちに行っている」であった。

それぞれのケースで、もう1人の子が女の子である確率はいくつでしょうか（便宜上男女の生まれる確率はそれぞれ2分の1で等しいものとする）。

そもそもケース1とケース2で何が違うのでしょうか？

2人の場合の男女の組み合わせを、（男男）（男女）（女女）の3通りと考えると誤ちを犯してしまうのは、白黒の玉の問題で示した通りです。なので男女の構成は、表のように4通りにして考えましょう。

	①	②	③	④
第一子	男	男	女	女
第二子	男	女	男	女

ケース1では、連れてきた子が第一子で女の子なので、①と②のパターンが除外されます。③か④の第二子が女の子である確率は、$\frac{1}{2}$です。

一方ケース2の場合は、連れてきた女の子が第一子か第二子かは不明なので、除外されるのは①だけで、残りの3パターンはどれも同等に可能性があります。よって、もう1人が女の子である確率は$\frac{1}{3}$となります。

ここで、白黒問題の（2）と混同してはいけないのは、「①〜④の箱から見ないで1つを選んだら女だった」という状況ではないということです。白黒の玉の問題で例えるなら、箱の中身を見ることができる司会者に「両方黒（男）の入った箱をどけてください。次に残りの3箱には少なくとも1つは白（女）が入っているはずなので各箱から1つ白を取り出してください」とお願いした状態で、3つの箱から1つの

第2章　直感に反する確率　　191

箱を選ぶ状況であるということです。

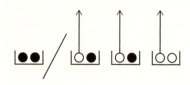

つまり、最初から箱は3つに絞られた状態から問題が始まっているということです。この辺の状況の違いをきちんと把握しないと、確率計算は誤ってしまいます。

ギャンブラーの誤謬(ごびゅう)

商店街の福引券を100枚ゲットしたあなた。抽選日に意気揚々とガラガラポンを回し続けたところ、90回連続で残念賞のポケットティッシュでした。ここであなたが「そろそろせめて三等は当たるだろう」と期待するのは間違ってはいません。ちゃんと一等二等三等が少なくとも1つでも入っているのなら、90個のはずれが取り除かれた結果、当たりの濃度は少しは上がっています。たとえ低いとしても、当たる確率は最初の1回目に引いた時よりは上がっているはずです。

宝くじを100枚買えば、当たる確率は1枚しか買っていないときの100倍になるのは事実です(といっても2000万分の1が20万分の1になるだけですが)。1枚しか買っていない場合に比べて100倍ワクワクするのも間違っていません。

しかし、毎回100枚買うのを30年続けたけれど一度も当たらなかったときに「次はそろそろ当たるのでは」と考えるのは誤りです。これを「ギャンブラーの誤謬」と言います。ギャンブラーの誤謬とは、ある事象の起こる確率が毎回同じであるギャンブルを繰り返した際、その事象がなかなか起きなかった場合に、その事象の発生確率が高くなると信じてしまうこと、また逆にその事象が頻発した場合に、それ以降は発生確率が低くなると信じてしまうことを言います。

　この場合は、30年もの間に一度も当たりという事象が発生しなかったのだからといって、あたかもガラガラポンのように次々とはずれが取り除かれていくかのように考え、「そろそろ」と思ってしまうのは誤りであるということです。

　宝くじの場合は当たる確率があまりにも低いので、何年買い続けようが「そろそろ」と本気で期待する人は少ないでしょうが、パチンコの大当たり（概ね$\frac{1}{300}$〜$\frac{1}{100}$）はどうでしょうか。このように、確率は高くはないけれど宝くじほど非現実的なまでに低くはないものだと、本気で「そろそろ」と考える人がたくさんいることでしょう。だからパチンコ店の経営が成り立っているのです。

　毎回の確率が同じである以上、パチンコで400回以上回している人も、今来て始めたばかりの人も、次のチャンスで大当たりになる確率は同じなので、後から来た人が先に大当たりを出しても何の不思議もありません。それでもギャンブラーは「そろそろ出るだろう」という誤謬を犯してしまうのです。だから、400回以上回しても当たりが出ず熱くなっ

第2章　直感に反する確率　　193

ている人の横で、誰かが座って始めた瞬間に大当たりを出すと、外し続けている人はますます熱くなって大金をスっていく。そんな光景が全国のパチンコ店で繰り広げられているのでしょう。

「そろそろ当たるだろう」が間違っている数学的理由

「そろそろ」と考えてしまう原因は、確率が $\dfrac{1}{n}$ というのを、「必ずとは言わないけど n 回に 1 回は起こるはず」と考えてしまうからではないでしょうか。頭では「『平均して』 n 回に 1 回起こる」のだということはわかっていても、つい無意識のうちに「平均して」の部分を取り除いてしまっているのではないでしょうか。私も頭ではどんなにわかっていても、コイントスで 5 回連続して表が出たら「そろそろ裏だろう」とつい思ってしまいます。

では、実際に、毎回 $\dfrac{1}{n}$ の確率で起こる事象が、n 回の試行で、少なくとも 1 回は起こる確率はどうなっているでしょうか。

$n = 2$ のとき。これはコインを 2 回投げて、少なくとも 1 回は表が出る確率です。表表、表裏、裏表のいずれかになる確率なので、

$$\frac{1}{2} \times \frac{1}{2} + \frac{1}{2} \times \frac{1}{2} + \frac{1}{2} \times \frac{1}{2}$$
$$= \frac{1}{2} \times \frac{1}{2} \times 3$$

$$= \frac{3}{4} = 0.75$$

すなわち、2回コインを投げれば75％の確率で少なくとも1回は表が出るということです。

n が3以上の場合は、余事象の考え方を使うと計算が楽になります（もちろん2のときでも使えます）。同じことを繰り返し試行したときに、ある事象は「1回も起きない」か「1回以上起こる」かの2通りに分けられます。全ての事象が起こる確率の合計は常に1なので、少なくとも1回はその事象が起こる確率は、1−「1回も起きない確率」で求めることができます。

$n = 3$ のとき。「$\frac{1}{3}$ の確率で起こる事象」が起きない確率は、

$$1 - \frac{1}{3} = \frac{2}{3}$$

です。よって、3回試行しても1回もその事象が起きない（3回連続で外れる）確率は、

$$\left(1 - \frac{1}{3}\right)^3 = \left(\frac{2}{3}\right)^3 = \frac{8}{27}$$

となります。したがって、$\frac{1}{3}$ の確率で起こる事象が、3回の試行で少なくとも1回起こる確率は、

$$1 - \left(1 - \frac{1}{3}\right)^3 = \frac{19}{27} \fallingdotseq 70.4\,\%$$

と計算できます。

　以下、n を増やした場合は次のようになります。

【$n = 4$】 $\rightarrow 1 - \left(1 - \dfrac{1}{4}\right)^4 \fallingdotseq 68.4\,\%$

【$n = 5$】 $\rightarrow 1 - \left(1 - \dfrac{1}{5}\right)^5 \fallingdotseq 67.2\,\%$

【$n = 6$】 $\rightarrow 1 - \left(1 - \dfrac{1}{6}\right)^6 \fallingdotseq 66.5\,\%$

$\vdots$

【$n = 10$】 $\rightarrow 1 - \left(1 - \dfrac{1}{10}\right)^{10} \fallingdotseq 65.1\,\%$

$\vdots$

【$n = 20$】 $\rightarrow 1 - \left(1 - \dfrac{1}{20}\right)^{20} \fallingdotseq 64.2\,\%$

$\vdots$

【$n = 100$】 $\rightarrow 1 - \left(1 - \dfrac{1}{100}\right)^{100} \fallingdotseq 63.39\,\%$

　n の値が大きくなるにつれて確率が徐々に下がっていきます。するとやはり、n の値が大きくなると、確率は 0 に近づいていってしまうのでしょうか。100 兆分の 1 のような、

ほぼ0とみなしていい確率（サイコロ18個を振って1のゾロ目が出る確率とほぼ同じ）の試行は、100兆回繰り返しても「0は何度繰り返しても0」だから、出現する確率もほぼ0になってしまうのでしょうか。計算を続けてみます。

$$\llbracket n = 1000 \rrbracket \rightarrow 1 - \left(1 - \frac{1}{1000}\right)^{1000} \fallingdotseq 63.23\ \%$$

$$\llbracket n = 10000 \rrbracket \rightarrow 1 - \left(1 - \frac{1}{10000}\right)^{10000} \fallingdotseq 63.214\ \%$$

$$\llbracket n = 100000 \rrbracket \rightarrow 1 - \left(1 - \frac{1}{100000}\right)^{100000} \fallingdotseq 63.212\ \%$$

どうやら下げ止まった感があります。実は、

$$\lim_{n \to \infty} \left\{ 1 - \left(1 - \frac{1}{n}\right)^n \right\}$$

の値は0には近づかず、0.63212055883… という値に収束するのです（この計算はP202で解説します）。

この値を％にして小数点以下を四捨五入した「63％」という数字は、パチンコをする人々には知れ渡っている数字だそうです。大当たりが出る確率の分母の回数（$\frac{1}{200}$なら200回）だけ回せば、63％の確率で少なくとも一回は大当たりが出る、というわけです。上の式を見てわかるように、小数点以下を四捨五入した値ならば、nは100程度で（正確には65以上で）収束値と一致しています。なので、パチンコの大当たりの確率の分母（100〜300程度）なら、63％と

第2章　直感に反する確率　　197

いうのは十分通用する値なのです。

どのぐらい繰り返せば「当たる」のか？

では、試行回数を n の2倍3倍…としていったらどうなるでしょうか。どんなに低い確率でも、0でない限りはいつかは起こるはずです。計算してみましょう。

試行回数を $2n$、$3n$、$4n$、$\cdots pn$ とすると、毎回 $\dfrac{1}{n}$ の確率で起こる事象が、pn 回の試行で少なくとも1回は起こる確率は、

$$\lim_{n \to \infty} \left\{ 1 - \left(1 - \frac{1}{n} \right)^{pn} \right\}$$
$$= 1 - \lim_{n \to \infty} \left\{ \left(1 - \frac{1}{n} \right)^{n} \right\}^{p}$$
$$= 1 - \left(\frac{1}{e} \right)^{p}$$
$$= 1 - \frac{1}{e^{p}}$$

となります。ためしに、$2n$ 回試行する場合の収束値は下記のようになります。

$$1 - \frac{1}{e^{2}} = 0.864664 \cdots \fallingdotseq 86.5\,\%$$

これは、1万分の1の確率の事象も、2万回行えば、86.5％の確率で少なくとも一回は起こるということを意味します。では引き続き、$3n$、$4n$、$5n$ の場合も計算してみましょう。

198

$$1 - \frac{1}{e^3} = 0.950212\cdots \fallingdotseq 95.0\ \%$$

$$1 - \frac{1}{e^4} = 0.981684\cdots \fallingdotseq 98.2\ \%$$

$$1 - \frac{1}{e^5} = 0.993262\cdots \fallingdotseq 99.3\ \%$$

$$\vdots$$

$$1 - \frac{1}{e^{10}} = 0.999954\cdots \fallingdotseq 99.99\ \%$$

この数値を、身近でイメージしやすいもので具体的に考えてみましょう。透明な容器に複数のサイコロを入れて密封すれば、全てのサイコロを繰り返し振るのは容易です。1のゾロ目が出たかどうかの確認だけなら瞬時に判別できるので、1回の試行に1秒あれば十分でしょう。

サイコロ3個の場合、1のゾロ目が出る確率は、

$$\left(\frac{1}{6}\right)^3 = \frac{1}{216}$$

となります。216 回 = 216 秒 = 3 分 36 秒間、サイコロを振り続ければ、63 ％の確率で少なくとも1回は1のゾロ目が出ることになります。

ここから、試行回数を増やしたら確率はどうなるでしょうか。

【試行回数3倍】

216×3 = 10 分 48 秒間、サイコロを振り続ければ、95 ％の

第2章　直感に反する確率　　199

確率で少なくとも 1 回は 1 のゾロ目が出る。

【試行回数 10 倍】

216 × 10 = 36 分間、サイコロを振り続ければ、99.99 % の確率で少なくとも 1 回は 1 のゾロ目が出る。

ここで、サイコロを 5 個に増やし、ゾロ目が出る確率をさらに低くしたらどうなるでしょうか。1 のゾロ目が出る確率は、

$$\left(\frac{1}{6}\right)^5 = \frac{1}{7776}$$

7776 秒 ≒ 2 時間 10 分間、サイコロを振り続ければ、63 % の確率で少なくとも 1 回は 1 のゾロ目が出ることになります。では、試行回数を増やしてみましょう。

【試行回数 3 倍】

7776 × 3 ≒ 6 時間 30 分間、サイコロを振り続ければ、95 % の確率で少なくとも 1 回は 1 のゾロ目が出る。

【試行回数 10 倍】

7776 × 10 = 21 時間 36 分間、サイコロを振り続ければ、99.99 % の確率で少なくとも 1 回は 1 のゾロ目が出る。

サイコロが 9 個になると、1 のゾロ目が出る確率は、

$$\left(\frac{1}{6}\right)^9 = \frac{1}{10077696}$$

約1000万分の1となります。これは宝くじを2枚買ったときに1等が当たる確率とほぼ同じです。10077696秒 ≒ 117日間、サイコロを振り続ければ、63％の確率で少なくとも1回は1のゾロ目が出ることになります。

【試行回数3倍】

1007769×3 ≒ 350日間、サイコロを振り続ければ、95％の確率で少なくとも1回は1のゾロ目が出る。

【試行回数10倍】

10077696 × 10 ≒ 3年2ヵ月間、サイコロを振り続ければ、99.99％の確率で少なくとも1回は1のゾロ目が出る。

0％でない限り、いつかは起こる

サイコロ5個なら頑張って振り続ければ1のゾロ目は出せそうですが、サイコロが9個になると、ほぼ確実にゾロ目を出すためには飲まず食わず寝ずに1年近く振り続けなければならず、現実的に不可能です。

ただ、これは確率がどんなに低くても、完全な0でない限りは、繰り返していけばいつかはほぼ確実に起こるということを意味しています。確率は宝くじの当選のような幸運な出来事ばかりに当てはまるのではなく、不幸な事故にも当然当てはまります（その事故が起きる真の確率を算出するのは難しいですが）。

例えば、道を歩いているよりはるかに安全と言われている旅客機は、世界中で1日に約20万便飛んでいるそうです。機体が大破して乗客乗員がほぼ全員死亡してしまうような大

事故が起こる確率が、仮に1回のフライトで1億分の1だとしても、10億回飛べばほぼ確実に事故が起こるということです。10億 ÷ 20万 = 5000日 ≒ 13年間に少なくとも1回は航空機の大きな事故が起きている計算になります。過去の実態と合致している気がしませんか。そして将来においても、確率が完全な0にならない限りは、再び事故は起きてしまうということです。

【解説】収束値の計算

この章では、毎回 $\frac{1}{n}$ の確率で起こる事象が、n 回の試行で少なくとも1回は起こる確率を、

$$\left(1 - \frac{1}{n}\right)^n$$

で計算しました。また、n が大きな数になっていったとき、

$$\lim_{n \to \infty} \left\{ 1 - \left(1 - \frac{1}{n}\right)^n \right\}$$

が、$0.63212055883\cdots$ という値に収束すると説明しました。ではこの値はどのような計算で求められるのでしょうか。そのためには、中括弧の後ろの項である、

$$\lim_{n \to \infty} \left(1 - \frac{1}{n}\right)^n$$

を計算しなければなりません。この式を見て、「資産が2倍

になる『72の法則』」の項で紹介した、ネイピア数 e の定義式に似ていると思いませんか。

$$e = \lim_{n \to \infty} \left(1 + \frac{1}{n}\right)^n = 2.718281828459\cdots$$

結論から先に言うと、

$$\lim_{n \to \infty} \left(1 - \frac{1}{n}\right)^n = e^{-1} = \frac{1}{e} = 0.36787944117\cdots$$

になります。この結論に、e の定義式から迫っていきましょう。

収束値の計算

e の定義式は、以下の条件を満たしています。

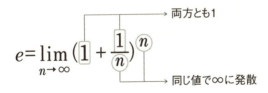

(1) 括弧内の最初の数と、それに足す分数の分子が共に 1
(2) 分数の分母と、括弧にかかる指数が共に同じ値
(3) (2) の両方の値が ∞ に発散する

したがって、$a > 0$ のとき、

$$\lim_{n \to \infty} \left(1 + \frac{a}{n}\right)^n = e^a$$

となります。順番に計算していきましょう。

$$\lim_{n \to \infty} \left(1 + \frac{a}{n}\right)^n$$

$\dfrac{a}{n}$ の分子を 1 にするために分母分子を a で割り、

$$= \lim_{n \to \infty} \left(1 + \frac{1}{\frac{n}{a}}\right)^n$$

分母と指数を同じ値にするために n を $\dfrac{n}{a} \times a$ と分解して、

$$= \lim_{n \to \infty} \left(1 + \frac{1}{\frac{n}{a}}\right)^{\frac{n}{a} \times a}$$

$$= \lim_{n \to \infty} \left\{ \left(1 + \frac{1}{\frac{n}{a}}\right)^{\frac{n}{a}} \right\}^a$$

すると、中括弧の中身は、先ほど挙げた e の定義式の3つの条件を満たしています。

204

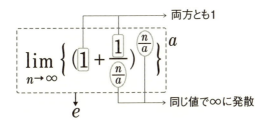

したがって、

$$= e^a$$

そこで、$a > 0$ という条件に一旦目を瞑って $a = -1$ を代入すれば、

$$\begin{aligned}
\lim_{n \to \infty} \left(1 - \frac{1}{n}\right)^n &= \lim_{n \to \infty} \left(1 + \frac{-1}{n}\right)^n \\
&= \lim_{n \to \infty} \left\{\left(1 + \frac{1}{-n}\right)^{-n}\right\}^{-1} \\
&= e^{-1} \\
&= \frac{1}{e}
\end{aligned}$$

となり、結論は合っています。確かにこの式は、分母と指数が同じ値（$-n$）で、それらを共に無限に飛ばしているという点では e の定義式に則っています。しかし、無限は無限でも、$-n$ なのでマイナス無限に飛ばしてしまっています。これで問題はないでしょうか。

そこで、e の定義式は n を $+\infty$ に飛ばしていますが、もし、$-\infty$ に飛ばしてもやはり e となるとどうでしょうか。すなわち、

$$\lim_{n \to -\infty} \left(1 + \frac{1}{n}\right)^n = e$$

ならば、

$$\lim_{n \to \infty} \left(1 + \frac{1}{-n}\right)^{-n} = e$$

となり、上記の式が成り立つため、

$$\lim_{n \to \infty} \left(1 - \frac{1}{n}\right)^n = e^{-1} = \frac{1}{e} = 0.36787944117\cdots$$

が認められます。

では、e の定義式

$$e = \lim_{n \to \infty} \left(1 + \frac{1}{n}\right)^n$$

の n を $-\infty$ に飛ばした場合の値を考えてみます。

$$\lim_{n \to -\infty} \left(1 + \frac{1}{n}\right)^n$$

において、$n = -t$ とおくと、$n \to -\infty$ は $t \to \infty$ なので、

206

$$= \lim_{t \to \infty} \left(1 - \frac{1}{t}\right)^{-t}$$

$$= \lim_{t \to \infty} \left(\frac{t-1}{t}\right)^{-t}$$

$\left(\dfrac{b}{a}\right)^{-t} = \left(\dfrac{a}{b}\right)^{t}$ なので、

$$= \lim_{t \to \infty} \left(\frac{t}{t-1}\right)^{t}$$

ここで、$t - 1 = m$ とおくと、$t = m + 1$、$t \to \infty$ なら $m \to \infty$ なので、

$$= \lim_{m \to \infty} \left(\frac{m+1}{m}\right)^{m+1}$$

$$= \lim_{m \to \infty} \left(\frac{m+1}{m}\right)^{m} \left(\frac{m+1}{m}\right)$$

$$= \lim_{m \to \infty} \left(1 + \frac{1}{m}\right)^{m} \left(1 + \frac{1}{m}\right)$$

$\displaystyle\lim_{m \to \infty} \frac{1}{m} = 0$ なので、

$$= \lim_{m \to \infty} \left(1 + \frac{1}{m}\right)^{m}$$

$$= e$$

第2章　直感に反する確率　207

したがって、

$$\lim_{n \to -\infty} \left(1 + \frac{1}{n}\right)^n = e$$

が示せました。よって、

$$\lim_{n \to \infty} \left(1 - \frac{1}{n}\right)^n = e^{-1} = \frac{1}{e}$$

となります。以上より、毎回 $\frac{1}{n}$ の確率で起こる事象が、n 回の試行で少なくとも 1 回は起こる確率は、n の値が大きくなればなるほど、

$$\lim_{n \to \infty} \left\{1 - \left(1 - \frac{1}{n}\right)^n\right\} = 1 - \frac{1}{e} \fallingdotseq 0.63212055883 \cdots$$

$$\fallingdotseq 63.2\ \%$$

に近づいていくことになります。

第 **3** 章

素数の神秘

無限にあるのに、見つからない

　素数は数学好きの人にとっては謎の多い神秘的な数で興味をそそりますが、数学が好きではない人にとっては単に割り切れない厄介な数でしかないでしょう。私などは、もし目の前にあるロッカーの90番台が全て空いていたら、迷わず97を選んで荷物を入れながら「90台唯一の素数だからね」と心の中でつぶやき、ほくそ笑むでしょう。

　素数とは「1と自分自身でしか割り切ることのできない自然数」です。ただ、この定義だと1も素数に含まれると解釈することも可能になってしまいます。1も1と自分自身でしか割り切ることのできない自然数ですから。なので、素数は「正の約数を2つだけもつ自然数」または「1と自分自身でしか割り切ることのできない2以上の自然数」と定義されます。

　では、なぜ1を素数に含めないことにしたのでしょうか。それは「素因数分解の一意性」を担保するためだと言われています。素因数分解の一意性とは、自然数の素因数分解はただ一通りであるということです。もしも1を素数としてしまうと、例えば、

$$12 = 1^n \times 2^2 \times 3$$

のように、nにどのような数を代入しても12を素因数分解したことになり、素因数分解が無限通りになってしまいます。そうならないように1を素数から除外しました。

「素数は無限にある」と言うと「そりゃー、自然数は無限にあるのだから素数だって無限にあるでしょ」という反応をする人がいます。それは間違ってはいないのですが、素数の場合、「これが最大の素数だ！」と誰かが示した数よりも大きな素数を提示することは、容易ではありません。

これが自然数なら、「これが最大の自然数だ！」と誰かが主張しても、その数の先頭でも途中でも最後尾でもどこでもいいから数字を書き加えればその数より大きな自然数は簡単に作れてしまいます。しかし素数はそうはいかず、現在の人類の英知では限界があります。つまり、素数は無限にあることは証明されているが、現時点で人類が知っている素数は有限なのです。

素数が無限にあることは、日本ではまだ文字すらなかった紀元前3世紀に証明されています。

【素数が無限にあることの証明】

素数が有限であると仮定すると、最大値が存在します。その最大の素数を P とします。有限個の素数全てを掛け合わせて1を加えた数を R とします。すなわち、

$$R = 2 \times 3 \times 5 \times 7 \times 11 \times 13 \times \cdots \times P + 1$$

R は2で割っても3で割っても5で割っても……P で割っても1余ってしまい、全ての素数で割り切ることができません。すなわち、R は素数であるか、または、合成数（1とその数以外の約数を持つ数）であったとしても

第3章　素数の神秘　　211

（※）P より大きな素因数を持つことになります。どちらの場合でも「最大の素数を P とする」という仮定と矛盾します。

　したがって、素数に最大値はないので、素数は無限個存在することになります。

（※ R が合成数になる例

$2 \times 3 \times 5 \times 7 \times 11 \times 13 + 1 = 30031 = 59 \times 509$）

素数がいつまでも出てこない

　無限に存在する素数ですが、先ほど言ったように、現時点で人間が知っている素数は限られています。では、素数とはどのぐらい珍しい存在なのでしょうか。

　90、91、92、93、94、95、96 はいずれも合成数で、7つ続けて素数でない数が並びます（100 未満では最長）。また、114、115、116、117、118、119、120、121、122、123、124、125、126 は連続 13 個合成数。

　では、連続して素数が登場しない区間というのはどれくらい広いものがあるのでしょうか。素数は無限に存在するので、どんなに連続して合成数ばかりでもいつかは素数が現れるはずです。

　N を 2 から 101 まで連続してかけた積とします。すなわち、

$$N = 2 \times 3 \times 4 \times 5 \times 6 \times 7 \times 8 \times \cdots \times 101$$

とすると、$N+2$、$N+3$、$N+4$、$N+5$、$N+6$、$\cdots N+101$ は連続 100 個の自然数となります。では、この $(N+2)$〜$(N+101)$ の 100 個の自然数の中に素数はあるでしょうか。

N は 2 の倍数であり、3 の倍数でもあり、4 の倍数でもあり、$\cdots 101$ の倍数でもあります。一般に m の倍数どうしを足すと m の倍数となります。

$$am + bm = m(a+b)$$

したがって、$N+2$ は 2 の倍数であり、$N+3$ は 3 の倍数であり、$\cdots N+101$ は 101 の倍数です。つまり、$(N+2)$〜$(N+101)$ は全て、何かの倍数であるので合成数です。すなわち、ここに連続 100 個素数が登場しない区間を発見することができました。

もう気づきましたね？　この手法を使えば、100 個どころではなく、億でも京でも……いくらでも広い区間が作れます。でもその先には必ず素数が存在する。なんだか不思議な感じがしませんか？

素数の未解決問題

連続して素数が登場しない区間はいくらでも広げられますが、逆に連続して素数が登場することはあり得るのでしょうか。

偶数は 2 で割れる数なので、2 以外の偶数は素数になりえません。つまり、2 以外の素数は全て奇数です。したがって、連続して素数が並ぶのは 2、3 だけです。

第3章　素数の神秘　　213

では、11、13 や 17、19 のように、偶数を除いて連続して素数が登場するのはどうでしょうか？　このような連続奇数がともに素数である場合を「双子素数」と言います。では、3、5、7 のように連続 3 つの奇数が全て素数になる場合を三つ子素数というかというと、そうは呼ばないようです。連続 3 つの奇数が全て素数となるのは 3、5、7 の組しかないので、名前をつける価値がないのでしょう。その証明問題は大学入試でも出題されました。

問 題

「連続する 3 つの奇数が全て素数となるのは 3、5、7 だけであることを証明せよ」（早稲田大学）

解 答

　連続する 3 つの奇数を N、$N+2$、$N+4$ とする。$N=3$ の場合、3、5、7 で 3 つ全て素数となる。

　N が 5 以上の奇数の場合、N を 3 で割ったあまりで 3 つに分類すると、$N=3n$、$N=3n+1$、$N=3n+2$ になる。

(1) $N=3n$ の場合
N は 5 以上の 3 の倍数なので素数ではない。

(2) $N=3n+1$ の場合
$N+2=3n+1+2=3n+3=3(n+1)$ となり、3 の倍数のため素数ではない。

(3) $N=3n+2$ の場合

$N + 4 = 3n + 2 + 4 = 3n + 6 = 3(n + 2)$ となり、やはり3の倍数で素数ではない。

　したがって、連続する3つの奇数はいずれかが3の倍数となる。よって、連続する3つの奇数全てが素数となるのは3の倍数でありかつ素数である唯一の自然数3を含む場合のみである。

　では、双子素数は有限か無限か、どちらでしょうか？「自然数が無限だから素数も無限にある」という理屈がまかり通るなら、「素数が無限にあるのだから双子素数も無限にある」となりそうです。しかし、実はこの問題は未解決で、無限にあるのか有限なのかはわかっていません。

　無茶苦茶な論理とはいえ「素数が無限にあるのだから双子素数も無限にある」方に気持ちがやや傾くのですが、現時点で人類が知っている最大の素数と最大の双子素数（※ **2024年9月時点。最大の素数はその後更新されました。→P228**）の大きさを比べてみると、

最大の素数
$$2^{82589933} - 1 \quad (24862048 \text{桁} \fallingdotseq 2500 \text{万桁})$$

最大の双子素数
$$2996863034895 \times 2^{1290000} \pm 1 \quad (388342 \text{桁} \fallingdotseq 39 \text{万桁})$$

　まさに桁違いです。先ほど述べたように素数は大きくなると出現頻度が低くなっていくので、ある素数の隣の奇数が素数である確率はどんどん低くなっていくはずです。だからい

つかは 0 になってしまうような気もします。双子素数は無
限に存在するのか有限なのか？　答えは「人類滅亡までには
解決できない」が正解である可能性が一番高い気がします。

なぜ素数を発見するのは困難なのか？

> 問題
>
> 「9991 を素因数分解せよ」（慶應義塾女子高校入
> 試問題）

　ある自然数が素数であるか、素数ではなく合成数ならばど
んな素因数を持つのか、どのように調べればよいでしょうか。
最も基本的な方法は、その自然数を 2、3、5、7、11……
と素数で割って割り切れるかを確かめるという原始的なもの
です。特別にうまい方法のない素数ならば、最終的にはこれ
をやるしかないでしょう。

　ただ、その割り算はどこまでやらなければならないかとい
うと、ある自然数 N の場合、2 から N までの素数で割り算
する必要はありません。$\sqrt{N}$ 以下の最大の素数まで確かめ
れば十分です。例えば、101 は素数ですが、それを確かめる
ためには、$\sqrt{101} < 11$ なので、2、3、5、7 で割って割り切
れなければ、101 が素数であることが確定します。

　なぜ $\sqrt{N}$ まででよいのでしょうか。自然数 N が A で割
り切れて商が B というのは、

$$N \div A = B$$

216

$$\leftrightarrow N = AB$$
$$\leftrightarrow N \div B = A$$

ということです。すなわち、A と B は反比例の関係にあるので、A が大きくなれば B は小さくなります。$A = B$ となるのは、$N = A^2 = B^2$、つまり $A = B = \sqrt{N}$ のときで、A が $\sqrt{N}$ より大きくなると B は $\sqrt{N}$ より小さくなります。$\sqrt{N}$ より大きな数で割り切れるなら、その商である $\sqrt{N}$ より小さな数で先に割り切れているはずです。だから $\sqrt{N}$ より大きな数で割れるかどうかは確認する必要がないのです。

うまい解き方

さて、冒頭の慶應女子高の入試問題ですが、2、3、5 で割れないのはすぐにわかります。その後 7、11 でも割れないあたりで、$\sqrt{N}$ まででいいという知識のない受験生なら、どこまで割り算を試せばよいか見通しが立たず途方に暮れるでしょう。$\sqrt{N}$ まででよいという知識のある人でも、$\sqrt{9991} < 100$ なので「最悪 97 まで割り算しなければならないのか！ やだな」と思うはず。いずれにしろ「何かうまい方法があるはずだ」と考えるべきです。

そこで、9991 が約 1 万 $= 100^2$ ということに気づけば、

$$9991 = 10000 - 9$$
$$= 100^2 - 3^2$$
$$= (100 + 3)(100 - 3)$$

第3章　素数の神秘　217

$$= 103 \times 97$$

となります。103 も 97 も、$\sqrt{N}$ の法則により 2、3、5、7 で割れない時点でともに素数であることが決定するので、

$$9991 = 103 \times 97$$

と素因数分解ができました。

　このようにうまく素因数分解できれば、その数が素数でないことはわかります。しかし、ある自然数 N が素数であることを証明する方法は、私には難しすぎてわかりません。もちろん前述の通り、$\sqrt{N}$ までの素数で割り算して割り切る素数がなければ N は素数であることが証明できます。しかしこの方法は、理屈は簡単ですが、時間がかかりすぎます。

「最強スーパーコンピュータ」でも計算不可能
　現在知られている最大の素数は、

$$2^{82589933} - 1$$

です（2024 年 9 月時点）。この数が素数であることを証明するには、$\sqrt{N}$ までの素数で割り算する方法では、どんな最強スーパーコンピュータでも時間的に不可能であることを、ざっくりとした計算で示してみましょう。

　割る数が素数であるかどうかまで判定させると余計な負荷がかかるので、割る数は 1 の位が 1、3、7、9 の奇数（自然数のおよそ 40 ％）とします。割る数が素数でなくても、

割り切れれば素数でないことは示せます。

$2^{82589933} - 1$ は 24862048 桁です。少なく見積もって約 2480 万桁として、1 つの数字を細かく 1 mm で書いたとしても約 25 km になるほどの大きさです。コンピュータの計算能力は、現在の最強スパコンの 1 億倍、1 秒間に 1秭回（じょ）（$= 10^{24}$）の演算ができるとしましょう。

$\sqrt{N}$ の法則を用いて、$\sqrt{10^{24800000}}$ までに出てくる 1 の位が 1、3、7、9 の整数で、$2^{82589933} - 1$ を次々と割っていきます。計算にかかる時間（年）は、（割り算をする回数）÷（スパコンが 1 年間にできる計算の回数）なので、

$$(\sqrt{10^{24800000}} \times 0.4) \div (10^{24} \times 60 \times 60 \times 24 \times 365)$$
$$\fallingdotseq 1.27 \times 10^{12400000} 年$$
$$> 宇宙の年齢 \times 10^{10000000}$$

となります。

このように巨大な数を素因数分解するのは非常に困難なので、その性質を利用して、クレジットカードのオンライン決済の暗号に素数が使われています。300 桁程度の合成数（大きな素数 × 大きな素数）の素因数分解でもスパコンで 2 年以上かかるので、数百桁の 2 つの素数を掛け算した数を公開しても、それを素因数分解するのは、1 つの素因数を知らない限り事実上不可能だからです。つまり、巨大な数 $R = pq$（p, q は巨大な素数）があったとき、$R \div p = q$ の計算はコンピュータならほぼゼロ秒でできますが、R を p と q に分

解するのにはスパコンでも数年間かかる点が、暗号として適しているということです。

メルセンヌ素数の謎

ところで、この最大の素数（あくまで現時点で人類が知っている範囲での）は、$2^n - 1$ と表せる素数で、メルセンヌ素数といいます。マラン・メルセンヌ（Marin Mersenne, 1588 年〜1648 年）が、「$2^n - 1$ が素数となるのは、$n \leq 257$ においては $n = 2$、3、5、7、13、17、19、31、67、127、257 の 11 個の場合だけである」という予想をしたのでこの名前がつきました。

$$M_{(n)} = 2^n - 1$$

$$2^2 - 1 = 3 \cdots\cdots \text{素数}$$

$$2^3 - 1 = 7 \cdots\cdots \text{素数}$$

$$2^4 - 1 = 15 \cdots\cdots \text{合成数}$$

$$2^5 - 1 = 31 \cdots\cdots \text{素数}$$

$$2^6 - 1 = 63 \cdots\cdots \text{合成数}$$

$$2^7 - 1 = 127 \cdots\cdots \text{素数}$$

$$2^8 - 1 = 255 \cdots\cdots \text{合成数}$$

$$2^9 - 1 = 511 \cdots\cdots \text{合成数}$$

$$2^{10} - 1 = 1023 \cdots\cdots \text{合成数}$$

$$2^{11} - 1 = 2047 (= 23 \times 89) \cdots\cdots \text{合成数}$$

$$2^{12} - 1 = 4095 \cdots\cdots \text{合成数}$$

$$2^{13} - 1 = 8191 \cdots\cdots 素数$$

　$M_{(n)}$ は、n が合成数の時は必ず合成数となります。「逆は必ずしも真ならず」という言葉の通り、A ならば B（$A \to B$）だからといって B ならば A（$B \to A$）が必ずしも成り立つわけではありません。例えば、「6 の倍数ならば偶数である」は正しいですが、「偶数ならば 6 の倍数である」は正しくありません。しかし、対偶と言って、「A ならば B」が正しければ、「B でないなら A でない」も正しくなります。

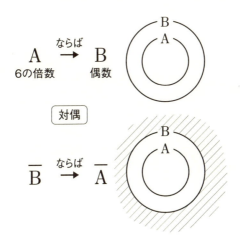

したがって、

　　「n が合成数ならば、$M_{(n)}$ も合成数である」

の対偶である、

$$\lceil M_{(n)} \text{ が合成数でない（素数）ならば、}$$
$$n \text{ は合成数でない（素数)」}$$

が成り立ちます。よって、$M_{(n)}$ が素数となるのは n が素数の時だけです。そして、「逆は必ずしも真ならず」なので、n が素数だからといって必ずしも $M_{(n)}$ が素数になるとは限りません。もしも逆も成り立ってくれたなら、次々といくらでも大きな素数が自動的に作れてしまうのですが、残念ながらそうはいきません。

なぜそうなるのか

では、なぜ n が合成数なら $M_{(n)}$ も合成数になるのでしょうか。一般的には次のように、

$$x^n - 1 = (x - 1)(x^{n-1} + x^{n-2} + \cdots + 1)$$

の因数分解を利用します。n は合成数なので、$n = pq$ と置きます（p, q は 2 以上の整数）。すると、

$$2^n - 1 = 2^{pq} - 1$$
$$= (2^p)^q - 1$$
$$= (2^p - 1)\{(2^p)^{q-1} + (2^p)^{q-2} + \cdots + 1\}$$

と、2 以上の 2 つの整数の積に分解できるので、合成数ということになります。

222

二進法での考え方

また、二進法を使うとより簡単に証明できます。

$10^2 - 1 = 99$、$10^3 - 1 = 999$ のように、一般的に $10^n - 1$ は、9 が n 個並ぶ数となります。

同様に、$2^2 - 1 = 11_{(2)}$、$2^3 - 1 = 111_{(2)}$ のように、$2^n - 1$ は二進法で表記すれば、1 が n 個並ぶ数になります。

ここで、$n = pq$ のように合成数の場合、$111 \cdots 1$ は、1 が pq 個並んだ数になります。つまり、1 が p 個並んだ塊が、q セット並んでいるということです。

例えば、$n = 6 = 2 \times 3$ $((p, q) = (2, 3))$ の場合は、

$$2^n - 1 = 2^6 - 1 = 111111_{(2)}$$
$$(1\ \text{が}\ 2\ \text{個並んだ塊が}\ 3\ \text{セット})$$

となります。また、

$$2^p - 1 = 2^2 - 1 = 11_{(2)}$$

なので、$(2^{pq} - 1) \div (2^p - 1)$ を筆算すれば、次の図のようになります。

第 3 章　素数の神秘　　223

$$2^6 - 1 = \underbrace{11}\underbrace{11}\underbrace{11}_{(2)}$$

$$
\begin{array}{r}
10101 \\
11 \overline{)\, 111111} \\
\underline{11} \\
11 \\
\underline{11} \\
11 \\
\underline{11} \\
0
\end{array}
$$

　$2^{pq} - 1$ が $2^p - 1$ で割り切れるのは一目瞭然でしょう。よって、$2^{pq} - 1 = 2^n - 1$ は 2 つの整数の積に分解できるので、合成数ということになります。ただ、この筆算の図は当たり前の話ですが、前述の

$$
\begin{aligned}
2^{pq} - 1 &= (2^p)^q - 1 \\
&= (2^p - 1)\{(2^p)^{q-1} + (2^p)^{q-2} + \cdots + 1\}
\end{aligned}
$$

を絵にしただけのことです。

素数は小さい順に見つかるわけじゃない

　$M_{(n)} = 2^n - 1$ は、n が合成数なら素数にならないし、n が素数でも素数になるとは限らない、と言うかむしろほとんど素数にならない式です。しかも指数関数なのであっという間に巨大な数になってしまい、素数であるか否かを判定す

るのも困難です。実際に、メルセンヌが予想した $n = 67$、257 は素数ではなく、予想から除外した 61、89、107 は素数でした。

なのになぜ、この型の素数が注目されるのでしょうか。前述の通り、単純な割り算で素数か否かを判定するのはスパコンが何億台あっても足りないので、ある一定の型の範囲で探すしかなく、現時点での人類の英知では、このメルセンヌ数から予想するのが一番適しているのでしょう。

$M_{(n)}$ が素数になる n のうち、現時点で発見されているのは別表の 51 個だけです（2024 年 10 月に 52 個目が発見されました→ P228）。しかし、現在までに発見されている巨大素数の上位 20 傑のうち 12 個が、また上位 10 傑のうち 9 個が、メルセンヌ数なのです。

順位		桁数	発見年
1 位	$2^{82589933} - 1$	24862048 桁	2018 年
2 位	$2^{77232917} - 1$	23249425 桁	2017 年
3 位	$2^{74207281} - 1$	22338618 桁	2016 年
4 位	$2^{57885161} - 1$	17425170 桁	2013 年
5 位	$2^{43112609} - 1$	12978189 桁	2008 年
6 位	$2^{42643801} - 1$	12837064 桁	2009 年
7 位	$2^{37156667} - 1$	11185272 桁	2008 年
8 位	$2^{32582657} - 1$	9808358 桁	2006 年
9 位	$10223 \times 2^{31172165} + 1$	9383761 桁	2016 年
10 位	$2^{30402457} - 1$	9152052 桁	2005 年
11 位	$2^{25964951} - 1$	7816230 桁	2005 年
12 位	$2^{24036583} - 1$	7235733 桁	2004 年

第3章 素数の神秘

13 位	$2^{20996011} - 1$	6320430 桁	2003 年
14 位	$1059094^{1048576} + 1$	6317602 桁	2018 年
15 位	$919444^{1048576} + 1$	6253210 桁	2017 年
16 位	$168451 \times 2^{19375200} + 1$	5832522 桁	2017 年
17 位	$123447^{1048576} - 123447^{524288} + 1$	5338805 桁	2017 年
18 位	$7 \times 6^{6772401} + 1$	5269954 桁	2019 年
19 位	$8508301 \times 2^{17016603} - 1$	5122515 桁	2018 年
20 位	$6962 \times 31^{2863120} - 1$	4269952 桁	2020 年

　発見年を見て気づきましたか？　メルセンヌ素数以外のものが後から見つかるのはわかるような気もしますが、メルセンヌ素数だけでも、必ずしも小さい順に見つかっているわけではないのです。これは素数の神秘的な一面を表していると思います。

　天才数学者ガウスは 15 歳の時に素数の個数について次のような予想をしました。

「x が十分に大きいとき、x までにある素数の個数は $\dfrac{x}{\log_e x}$ で近似できる」

　この予想に従えば、上記の巨大素数第 1 位と第 2 位の間にはおよそ、$\dfrac{2^{82589933} - 1}{\log_e(2^{82589933} - 1)} - \dfrac{2^{77232917} - 1}{\log_e(2^{77232917} - 1)}$ 個の素数が存在するはずです。

　これを計算すると、概算で、$1.75 \times 10^{24860000}$ 個もあります。これがどれくらい大きな数か想像もつかないでしょう。

全宇宙にある原子の総数が約 10^{80} 個です。その個数よりもはるかにはるかに多くの素数が、1 位と 2 位の間に存在するはず。なのにまだ、1 つも見つかっていないのです。

【別表： $M_{(n)} = 2^n - 1$ が素数となる n】

$n =$ 2, 3, 5, 7, 13, 17, 19, 31, 61, 89, 107, 127, 521, 607, 1279, 2203, 2281, 3217, 4253, 4423, 9689, 9941, 11213, 19937, 21701, 23209, 44497, 86243, 110503, 132049, 216091, 756839, 859433, 1257787, 1398269, 2976221, 3021377, 6972593, 13466917, 20996011, 24036583, 25964951, 30402457, 32582657, 37156667, 42643801, 43112609, 57885161, 74207281, 77232917, 82589933

メルセンヌ数に関する逸話

1876 年にリュカという数学者が、効率的な素数判定法「リュカ・テスト」を考案しました。その結果、$M_{(n)}$ において、$n = 67$ の場合は素数でないことを発見しましたが、具体的な素因数はわかりませんでした。

その 27 年後、アメリカの数学者フランク・ネルソン・コールが、

$$2^{67} - 1 = 193707721 \times 761838257287$$

という素因数分解を成し遂げたのです。彼は毎週日曜日を使って、3 年かけてこれを達成しました。

第3章　素数の神秘　　227

たかが素因数分解に日曜日だけとはいえ3年もかける変な人（尊敬の念を込めてあえてこう言わせてもらいます）がいるからこそ人類の発展があるのではないでしょうか。彼はその功績を讃えられ、現在もコール賞という数学における権威ある賞にその名を残しています。

＊この原稿の執筆後に52個目のメルセンヌ数が発見されました。今をときめく半導体企業で時価総額世界一（2024年10月時点）のNVIDIAでの勤務経験もある研究者が、17カ国、24のデータセンターリージョンにまたがる数千台のサーバーGPUを使ってメルセンヌ数をテストするインフラを構築し、そのインフラによる約1年のテストの結果、$2^{136279841}-1$が素数であると考えられることがわかり、リュカ-レーマー・テストによって素数であることが確認されたそうです。桁数は41024320桁（約4千万桁）で従来の1位を6年振りに1600万桁余り上回りました。

あとがき

　数学の専門家でもない私がこうして 4 冊もの数学に関する本を出版できたのはひとえに私の YouTube の数学動画をたくさんの方が視聴してくださったおかげです。

　YouTube やテレビは動画・番組の途中に流れる広告収入によって成り立っています。誰も見ていない動画・番組にいくら広告を流しても意味がないので、そもそもその動画・番組がどれだけ視聴されているのか、そして、より効果的な広告を出すために視聴者の年齢・性別といった属性を把握する必要があります。子供番組に生命保険の広告、政治経済の番組にリカちゃん人形の CM はほとんど無意味ですから。

　そのためにテレビは昔から視聴率調査というものを行っています。以前は世帯視聴率しか調べていなかったのを最近ではできるだけターゲッティングを明確にするために個人視聴率も調べるようになってきました。しかし、その方法は、例えば、関東地方で（人口約 4300 万人、世帯数約 2000万）視聴率調査機が設置されているのは 2700 世帯（ビデオリサーチ）だけです（0.013 %）。統計学的にはこれだけのサンプル数があれば誤差は ±2 %程度に収まるそうですが、広告費を出す側の企業としてはより精度の高いターゲッティングを望むのは当然でしょう。その点 YouTube は視聴回数

をサンプルによる推計値ではなく実数で誰でも知ることができ、母親のスマホで幼児が勝手に子供番組を見るといった実態と齟齬が生じる例が多少はあるにせよ、視聴者の年齢・性別といった属性をほぼ正確に把握できるのが強みです。そして、その視聴者の属性は今後の動画制作でどの層をターゲットに絞ればよいかを動画制作者にも共有してもらうために動画制作者本人は動画ごとや任意の期間ごとなどで視聴者の属性を細かく知ることができるようになっています。

　私が数学動画を投稿するようになったのは、40 歳を過ぎてからオイラーの公式が理解できたのが嬉しくてその理解した過程を記録に残しておくことが目的で、多くの人が見るなど微塵も思っていませんでした。ところが、「中学の知識でオイラーの公式を理解する」という 10 本の動画が投稿後半年経った頃からポツポツと再生されるようになってきました（当初はほぼ 0）。そこで、塾講師時代から授業で常に心掛けていた「どうしてそうなるか」をきちんと説明することに主眼を置いた数学小ネタ動画（0！はなぜ 1 か？　など）を投稿するようにしたらそこそこの視聴回数になってきました。そして、2018 年の 3 月に京都大学の入試問題「$p^q + q^p$ が素数となる素数 p, q を求めよ」という問題を投稿したら視聴回数もチャンネル登録者も激増。そこでその直後の 2018 年 4 月 1 日から 2023 年の 12 月 25 日まで連続 2000 日以上大学入試問題を中心に、もちろん「なぜそうなるか」を常に意識して動画投稿を続けてきた結果多くの方に見ていただくことができました。

　動画投稿を続けていくうちに徐々に YouTube の仕組みを知っていくことになり（投稿開始初期はサムネイルという言

あとがき　231

葉も知らなかった）、上記の視聴者の属性を把握できるのも
いつの頃からか知り、その結果はものすごく偏った数字だっ
たのですがあまり驚きはしませんでした。

「ネイピア数 自然対数の底 e とは」という初期の頃に投
稿した動画は総再生回数では 1 位の「伝説の東大入試問題
$\pi > 3.05$ を証明せよ」の 240 万回（授業形式の動画では日
本で最初に 100 万再生を突破）には及ばない 74 万回なので
すが、投稿して 6 年以上経った今でも安定して月に数千回、
年間で 6 万回以上と過去動画の中ではダントツに再生され
続けています。YouTube の動画というのは基本的には投稿
直後に一番多く再生されてその後は尻すぼみになり、やがて
ほぼ 0 に収束していくにもかかわらずです。ではこの動画
の視聴者の属性はどうなっているかというと 2023 年の 1 年
間のデータがご覧の通りです（右ページ）。

　6 万 4 千回再生されて女性が完全に 0 というのはあり得
ないので、おそらく％の少数第 2 位を四捨五入した結果な
のでしょうが、私の全ての動画、全ての期間において女性の
視聴者が 4 ％を超えたことはないので動画や期間によって
は男性 100 ％というのもなんら不思議ではありません。そ
して、驚くべきは（私は驚かないのですが）年齢層です。45
歳以上が 86 ％にもなり、若い人にはほぼ見られていないと
いうことです。そしてこの傾向はこの動画のこの期間に限っ
たことではなく、本来ならば受験生の年齢層が多く見るべき
大学入試問題の解説動画でもほぼ同じような分布になって
います。単に私が女性・若者に嫌われているだけなのかもし
れませんが、もしそれ以外に理由があるとしたらなんなので
しょうか。

　数学の動画を投稿している人は私以外にもたくさんいらっしゃいます。そして、もちろんのことながらその方達の動画は参考のためによく見ます。自分が投稿したもの以外の動

あとがき　　233

画について、再生回数はわかりますが、視聴者の年齢分布・男女比を知ることはできません。しかし、コメント欄に書き込まれている内容からある程度コアな視聴者の年齢・性別は大体想像がつきます。

　動画が高校数学の内容で視聴者が狙い通り高校生ばかりと思われる動画に共通しているのは、内容が私の基本姿勢とは真逆の「どうしてそうなるか」については一切触れずに、この公式を使い、この解き方をすれば答えが出るという「やり方」だけを説明する動画です。そういった動画には「わかりやすい！　おかげで中間テストで点が取れました」といったコメントが溢れています。

　私の動画のコンセプトのように「なぜそうなるか」ということをくどくどと説明されるより、来週のテストですぐに点になる小手先のテクニックを知る方が、それこそ「コスパ」も「タイパ」もいいのでしょう。そして、それは YouTube などなかった昔も同じで、いつの時代でも公式ややり方だけを覚えてなんとかテストを乗り切ってきた高校生が多数いたはずです。

　そんな高校時代を送った若者もやがておじさんになって、ふと、「高校時代、意味もわからず丸暗記した数学の公式ってなんでああなるのだろうか」と考えたとき、くどくどと理屈を説明する私の動画と出会って、見続けてくださった結果がこの視聴者の年齢分布であると信じています。

　この本を読んで「どうしてそうなるかを考えると数学って面白い」と思ってくださった方が少しでもいれば幸いです。

鈴木貫太郎

鈴木貫太郎 すずき・かんたろう

1966年生まれ。埼玉県立浦和高校卒業。早稲田大学社会科学部在学中に予備校講師（算数・数学）のアルバイトを始め、過去問を徹底研究。その後、数学を離れたが、海外在住中に「オイラーの公式」を理解したいという思いから再び没頭。2017年からYouTubeで数学解説動画の投稿を始め、現在の登録者数は14万人を超える（2025年2月時点）。

朝日新書
1001

マイナス×マイナスは
なぜプラスになるのか

2025年4月30日第1刷発行

著 者	鈴木貫太郎
監 修	杉山 聡
図 版	谷口正孝

発行者	宇都宮健太朗
カバーデザイン	アンスガー・フォルマー　田嶋佳子
印刷所	TOPPANクロレ株式会社
発行所	朝日新聞出版

〒 104-8011　東京都中央区築地 5-3-2
電話　03-5541-8832（編集）
　　　03-5540-7793（販売）
©2025 Suzuki Kantaro
Published in Japan by Asahi Shimbun Publications Inc.
ISBN 978-4-02-295309-4
定価はカバーに表示してあります。

落丁・乱丁の場合は弊社業務部（電話03-5540-7800）へご連絡ください。
送料弊社負担にてお取り替えいたします。

朝日新書

底が抜けた国
自浄能力を失った日本は再生できるのか?

山崎雅弘

専守防衛を放棄して戦争を引き寄せる政府、悪人が処罰されない社会、「番人」の仕事をやめたメディア、不条理に従い続ける国民。自浄能力が働いていない「底が抜けた」現代日本社会の病理を、各種の事実やデータを駆使して徹底的に検証!

蔦屋重三郎と吉原
蔦重と不屈の男たち、そして吉原遊廓の真実

河合 敦

蔦重は吉原を基点に、黄表紙や人情本、浮世絵など次々と大ヒットを生み出した。いっぽう幕府による弾圧にもめげず、歌麿や写楽に大首絵を描かせたり、政治風刺の黄表紙を出版するなど、反骨精神あふれる蔦重の生涯を天才絵師・戯作者たちと共に描く。

脳を活かす英会話
スタンフォード博士が教える超速英語学習法

星 友啓

世界の英語の99・9%はナマっている。だからこそ脳の欲求の赴くままに自分なりの英語で世界と遊べ! 脳科学や心理学、AI時代のアイテムを駆使して、コスパ良く楽しくネイティブと話せる術をスタンフォード・オンラインハイスクール校長が伝授。

子どもをうまく愛せない親たち
発達障害のある親の子育て支援の現場から

橋本和明

「子どもには愛情を」。児童相談所の一言が、なぜ虐待を加速させたのか? 発達障害のある親は育児で大変な苦労をすることがある。虐待やネグレクトが起きてしまう実態と対策を、豊富な実例とともに紹介。子育ては愛情ではなく技術である。

ほったらかし快老術
90歳現役医師が実践する

折茂 肇

元東大教授の90歳現役医師が自身の経験を交えながら、快い老い方を紹介する一冊。たいていのことはほったらかしでよく、大切なのは生きがいと骨。落ち目同士で群れない、手抜きしないでオシャレをする…など10の健康の秘訣を掲載。

朝日新書

数字じゃ、野球はわからない
工藤公康

昭和から令和、野球はどこまで進化したのか？「優勝請負人」工藤公康が、データと最新理論にとらわれた野球界を総点検！さらに自身の経験をもとに、いつまでも色あせない"野球の魅力"も紹介。新参からマニアまで、ファン必読の野球観戦バイブル。

老化負債
臓器の寿命はこうして決まる
伊藤裕

生きていれば日々損傷されるDNA。加齢に伴い修復能力が落ちると、損傷は蓄積していく。これが老化だ。ただ、この「負債」は「返済」できる！心身の老化のメカニズムから気付き方、自分でできる画期的な「若返り」法までを徹底解説する。

節約を楽しむ
あえて今、現金主義の理由
林望

キャッシュレスなんて、まっぴらだ！お金のあれこれを人任せにしない。自分の頭でしっかり考えたい。だから、ベストセラー『節約の王道』著者は、あえて今、現金主義を貫く。キャッシュレス生活・ポイ活の怖さを指摘し、安全確実な「令和の節約術」を公開！

なぜ今、労働組合なのか
働く場所を整えるために必要なこと
藤崎麻里

2024年春闘の賃上げ率は5%台で33年ぶりの高水準となったが、広がる格差、実質賃金に追いつかない賃上げなど課題は山積。若い世代や非正規雇用など労働組合とつながらない人も多い。一方、欧米では労組回帰の動きもある。労組に今、何ができるのか。

遊行期（ゆぎょうき）
オレたちはどうボケるか
五木寛之

加齢と折り合いをつけてどう生きるか、人生を四つに分けるインドの最後の住期「遊行期」という平穏な時に身をおいて考える。「老い」や「ボケ」を受け入れながら、人生100年を生き切るための明るい「修養」、そして執筆活動の根源を明かす。

朝日新書

ルポ 大阪・関西万博の深層
迷走する維新政治

朝日新聞取材班

2025年4月、大阪・関西万博が始まるが、その実態は会場建設費が2度も上ぶれし、パビリオンの建設が遅れるなど、問題が噴出し続けた。なぜ大阪維新の会は開催にこだわるのか。朝日新聞の取材班が万博の深層に迫る。

祖父母の品格
孫を持つすべての人へ

坂東眞理子

令和の孫育てに、昭和の常識は通用しない。良識ある祖父母として、孫や嫁夫婦とどう向き合ったらいいのか？ ベストセラー『女性の品格』『親の品格』著者が満を持して執筆した、祖父母が知っておくべき30の心得。

逆説の古典
着想を転換する思想哲学50選

大澤真幸

自明で当たり前に見えるものは錯覚である。事物の本質を古典は与えてくれる。『資本論』『意識と本質』『贈与論』『アメリカのデモクラシー』『存在と時間』『善の研究』『不完全性定理』『君主論』『野生の思考』など人文社会系の中で最も重要な50冊をレビュー。

世界を変えたスパイたち
ソ連崩壊とプーチン報復の真相

春名幹男

東西冷戦の終結からウクライナ侵攻までの30年余、歴史を揺るがす事件の舞台裏には常に、世界各地に網を張るスパイたちの存在があった――。彼らは、どのような戦略に基づいて数々の工作を仕掛けたのか。機密文書や証言から、その隠された真相に迫る。

朝日新書

関西人の正体〈増補版〉

井上章一

関西弁は議論に向かない？ 関西人はどこでも値切る？ 典
型的な関西に対する偏見を、時に茶化し、時にまじめに打ち壊
す。京都のはずれから考える独創的で面白すぎる関西論！
新書化に際し、ボーナストラック「55年ぶりの万国博」を加筆。

持続可能なメディア

下山 進

問題はフジテレビだけではない。買収不可能の規制下で甘やかさ
れた新聞・テレビは巨大な技術革新の波に揉まれ、崩壊の螺旋階
段を落ちていっている。それらを尻目に繁栄するメディアとは？
国内外を徹底取材。エピソード豊かに描き出す成功の5原則。

現代人を救う
アンパンマンの哲学

物江 潤

「遅咲きの天才」やせなげたかしは、朝ドラ「あんぱん」に描かれるよ
うに、愛妻・暢と共に運命を切り開いていく。戦中派の悲観論
から脱して、ついに「人生は喜ばせっこ」の境地に至る。国民
的作品に潜む平易で深い表現が、孤立する現代人の心に響く。

オーバードーズ
くるしい日々を生きのびて

川野由起

市販薬を過剰摂取するケースが、若年層を中心に増加している。
どうせ誰も助けてくれない──「生きづらさ」の背後に何がある
のか。親からの虐待やネグレクト、学校での孤立感……社会に
何が足りないのか、どのような支援が求められているのかを探る。

動的平衡は利他に通じる

福岡伸一

他者に手渡されつつ、手渡す行為──すべての生命はこの流れ
の中にある。日常における移ろいを見つめ、生命のありようを
思惟し、動的平衡と利他のつながりを捉える。大好評を博した
随筆集『ゆく川の流れは、動的平衡』、待望の新書化。

朝日新書

歴史のダイヤグラム〈3号車〉
「あのとき」へのタイムトラベル

原 武史

吉田茂、佐藤栄作、石破茂、昭和天皇、谷崎潤一郎、三島由紀夫……大小さまざまな事件を、当時の時刻表を切り口に読み直す。そこから見えてくる日本近現代史の別の姿。朝日新聞土曜刷「be」の好評連載新書化、待望の第3弾！

詭弁と論破
対立を生みだす仕組みを哲学する

戸谷洋志

ある問題について対話や議論をするにしても、前提や土台を共有できない、軽く受け流し嘲笑する傾向が強まっている。SNSやネット上で幅を利かせる「論破」。人はなぜ言葉を交わすのか——人間と対話の本質的な関係を哲学の視点から解き明かす。

世界の炎上
戦争・独裁・帝国

藤原帰一

第2期トランプ政権に戦々恐々とする各国。ガザ「所有」や、カナダ、メキシコに脅しをかけるトランプ氏の論理は「強者の支配と弱者の従属」だ。日本を含む国際秩序はどう構築されるのか。不確実さに覆われた世界を国際政治学者が読み解く。

西洋近代の罪
自由・平等・民主主義はこのまま敗北するのか

大澤真幸

ウクライナとガザの戦争、欧州での右派政党の躍進、そして共振するトランプとプーチン。なぜ、排他的な権威主義がこんなに力を持つのか。民主主義はこのまま衰退するのか。普遍的な価値の行方と日本の役割を問う、実践・社会学講義第2弾。

マイナス×マイナスはなぜプラスになるのか

鈴木貫太郎

学校で教わった最大の謎。それは「マイナス×マイナス＝プラス」という不可思議な数式である。三角錐の体積はなぜ3で割るのか、球の体積はなぜ4／3をかけるのか……。あのとき丸暗記させられた数式の本当の意味が、やっとわかる！